郵便はがき

63円切手を
お貼り下さい

1 6 0 - 0 0 1 2

（受取人）

東京都新宿区南元町４の５１
（成山堂ビル）

㈱成山堂書店 行

お名前		年　齢　　　歳 ご職業
ご住所（お送先）（〒　　－　　）		1．自　宅 2．勤務先・学校
お勤め先（学生の方は学校名）	所属部署（学生の方は専攻部門）	
本書をどのようにしてお知りになりましたか A. 書店で実物を見て　B. 広告を見て（掲載紙名　　　） C. 小社からのＤＭ　D. 小社ウェブサイト　E. その他（　　　）		
お買い上げ書店名 市　　町　　書店		
本書のご利用目的は何ですか A. 教科書・業務参考書として　B. 趣味　C. その他（　　　）		
よく読む 新　聞	よく読む 雑　誌	
E-mail（メールマガジン配信希望の方） @		
図書目録　送付希望　・　不　要		

—皆様の声をお聞かせください—

成山堂書店の出版物をご購読いただき、ありがとうございました。今後もお役にたてる出版物を発行するために、読者の皆様のお声をぜひお聞かせください。

代表取締役社長
小 川 典 子

本書のタイトル（お手数ですがご記入下さい）

■ 本書のお気づきの点や、ご感想をお書きください。

■ 今後、成山堂書店に出版を望む本を、具体的に教えてください。

こんな本が欲しい！（理由・用途など）

■ 小社の広告・宣伝物・ウェブサイト等に、上記の内容を掲載させていただいてもよろしいでしょうか？（個人名・住所は掲載いたしません）

はい ・ いいえ

ご協力ありがとうございました。

（お知らせいただきました個人情報は、小社企画・宣伝資料としての利用以外には使用しません。25.4）

気象予報士のしごと

―未来の空を予想して―

気象予報士・キャスター
片山美紀

はじめに

「半径5メートルの暮らしを変える天気予報を伝える。」

私が気象予報士として、テレビで天気予報を伝える時に心掛けていることです。気象は私たちの日常生活と密接につながっています。きょう着る服や食べるもの、出かける場所を天気や気温を意識して決めるという人は多いのではないでしょうか？　また、春にはサクラ、秋は紅葉など自然が織りなす美しい景色も気象のメカニズムを知ることで、より味わい深く見ることができるでしょう。

一方で、近年は地球温暖化や気候変動が話題になり、私たちの想像を超える自然災害が毎年のように起きています。災害を経験した人は誰もが、まさかこんなことになるなんて…といいます。災害を食い止めることはできませんが、事前にそうした事態が起きることを「情報」として知っていれば、対策を取って命を守ることができます。

自然の美しい面と恐ろしい面の両方を伝え、毎日がもっと暮らしやすくなる手助けをする、それが気象予報士としての私の目標です。

本書で詳しくお話しますが、私はもともと空を眺めるのが好きでも、天気に興味があるわけでもなく、大人になるまで天気予報への興味はほぼゼロでした。そんな私がいま、気象予報士、気象キャスターという肩書きで働いています。気象予報士という仕事、試験のための勉強方法、四季の天気や自然の魅力などについて、本書を通じてお伝えしていきます。

「天気予報はアプリで見れば十分、テレビでなんてもう見ない。」そんな声があふれる時代ですが、10年後、20年後、その先も、時代の変化に合わせて「気象予報士」や「気象キャスター」という仕事が続くように、未来の世代へバトンを繋いでいきたいという想いを込めて。

目次

第2章　気象キャスターという仕事

目次

目次

気象予報士のしごと

―未来の空を予想して―

第1章

気象予報士という仕事

空を見れば天気がわかる？　「気象予報士」ってどんな資格？

「気象予報士の資格を持っている」というと、「空を見ただけで天気を予想できるの？」とよく聞かれます。この質問に正確に答えるのは意外と難しく、答えはイエスでもありノーでもある…。どちらとも言い切れません。気象予報士になるための知識を身につければ、空に浮かぶ雲の特徴を見て、「この後天気が急変して、土砂降りの雨が降る」といった予測をできることはあります。ですが、仕事として天気予報を多くの人に伝える時は、たくさんの天気図などの資料を丁寧に解析する必要があります。気象予報士とは、気象庁から提供される数々の資料やデータを適切に読み解き、天気を予想する技術を身につけるための国家資格です。

なぜこのような資格が生まれたのかというと、天気予報はお出かけや洗濯など毎日の暮らしに役立つだけでなく、人の命に関わるとても重要な情報だからです。近年、経験したことのない大雨や勢力の強い台風によって、甚大な気象災害が相次いで発生しています。天気予報に含まれる雨や風の強さなどの情報は、避難をすべきかどうか考える大事な判断基準になると思います。この時、伝えられる情報が適切でなかったら、世の中全体が混乱し、たくさんの人が犠牲になってしまうかもしれません。そうしたことを防ぐために、確かな知識を持つ人だけが天気予報を行えるようにと気象予報士の制度が作られました。

気象予報士とは、気象災害から人の命を守るために危険を知らせることができる資格なのです。

現在、日本全国で1万1273人（2022年8月25日時点）の気象予報士

都道府県別集計結果（令和4年8月25日 現在）

都道府県	人数	都道府県	人数	都道府県	人数
北海道	542	石川県	85	岡山県	81
青森県	116	福井県	53	広島県	175
岩手県	70	山梨県	51	山口県	91
宮城県	273	長野県	145	徳島県	49
秋田県	58	岐阜県	101	香川県	76
山形県	41	静岡県	205	愛媛県	71
福島県	79	愛知県	517	高知県	32
群馬県	121	三重県	113	福岡県	405
栃木県	103	滋賀県	76	佐賀県	40
茨城県	255	京都府	235	長崎県	84
埼玉県	695	大阪府	611	熊本県	75
千葉県	970	兵庫県	428	大分県	41
東京都	2,161	奈良県	118	宮崎県	66
神奈川県	1,242	和歌山県	42	鹿児島県	83
新潟県	156	鳥取県	37	沖縄県	87
富山県	78	島根県	36	その他	4
				合計	11,273

図1-1
都道府県別の気象予報士の統計データ（出典：気象庁）

がいます。都道府県別の割合を見ると、首都圏、北海道、愛知県、大阪府などの大都市圏に集中しています。みなさんのお住まいの地域には、どれくらい気象予報士がいるでしょうか？ 少ない地域であれば、あなたが気象予報士に合格したら、貴重な人材として活躍の場を広げるチャンスがありそうですね。気象予報士といえば、テレビなどで天気図を使って解説する気象キャスターを思い浮かべる人が多いと思いますが、キャスター以外にも様々な活躍の仕方があります。たとえば、私の所属する株式会社ウェザーマップでは、テレビで放送するニュースの中で気象と関わりのある話題をリサーチしたり、アナウンサーが読む天気の原稿を書いたりする人もいます。自治体や企業に向けてピンポイントの予報を提供したり、独自の天気予報を行うためのプログラミングを担当したりする人もいます。最近では宮城県

2022年12月1日(木)発表

	気嵐の可能性	天気	降水確率	最低気温	日の出時間	服装
12月3日(土)	高		0%	-1℃	6：34	
12月4日(日)	低		30%	6℃	6：35	

weather map

図1-2　気仙沼市の気嵐予報
おだやかに晴れた日に、陸で冷やされた空気が海に流れ込むことで発生する気嵐。予報を的中させて観光資源としての価値も高めたい。（出典：ウェザーマップ）

気仙沼市で秋と冬にのみ見られる現象「気嵐」の予報にも取り組んでいます。また、気象庁の職員や自治体の防災担当として、資格を活かした働き方をしている人も多くいます。

実はこんなところでも！　様々な分野で活用される天気予報

天気予報や防災に特化した仕事でなくても、気象予報士の資格を活かすことはできます。皆さんの周りには「雨が降りそうな天気になると、頭が痛くなる」という人はいませんか？　これは、天気や気圧の変化が原因で体調を崩す「気象病」の一つで、気象病を専門に診察する病院もあるなど医療の分野でも気象は関わっています。

ビジネスの分野では、「ウェザーマーチャンダイジング」が注目されています。これは、気温が1℃違うだけで商品やサービスの売り上げが大きく変わることから、気象情報を商売に活かす手法です。

突然ですが、ここでクイズです。コンビニでよく見るおでんが最も売れる時期はいつ頃だと思いますか？　寒さの厳しい1月や2月あたりかと思いきや、実は、真冬よりも秋のはじめが一番売れるそうです。夏の暑さがおさまって肌寒さを感じられるようになると、そろそろ温かいものを食べたいと思う人は多いと思います。中でも、この季節は練り物などカロリーの低い具材が多いおでんが好まれるそうです。本格的に寒くなる時期には、もう少しカロリーの高い鍋物へと需要がシフトしていきます。

このほか、気温が25℃以上になればアイスクリームが売れ、30℃を超える時にはもっとさっぱりした味わいのかき氷が売れるといわれています。気温だけでなく、天気によっても売れるもの、売れないものは変わるため、気象のデータを活用して商品の仕入れを調節すれば、売れ残りや作り過ぎを防ぐこともできます。近年、まだ食べられるにも関わらず捨てられてしまう食品が膨大な量になっていることは社会問題として知られていますが、天気予報を上手く活かせば、そうした「食品ロス」の削減にも繋がります。

また、最近は「SDGs（持続可能な開発目標）」を達成するため、様々な分野の企業や団体が気候変動や異常気象への対策に力を入れていて、これまで以上に天気予報への関心も高くなっています。ほかにも、鉄道や飛行機など交通機関も大雨や大雪によって運行は大きく左右されますし、野球やサッカーなどスポーツの試合も気温や風向きなどの気象条件によって戦術が変わります。気象は私たちの身の回りのあらゆる分野に関わっています。

気象予報士試験ではどんなことが問われるの？

気象予報士試験は、現在毎年1月と8月の年に2回行われています。この試験の大きな特徴は、受験資格は一切ないということです。学歴も年齢も関係なく、誰でもチャレンジできる、どこまでも広がる青空のように大きく門戸の開かれた資格試験です。これまでには、小学生で合格した人もいます。

気象予報士試験は「予報業務に関する一般知識」、「予報業務に関する専門知識」、「実技試験」の全部で3種類あります。「一般知識」と「専門知識」はまとめて「学科試験」と呼ばれます。学科試験はマークシート形式で行われ、それぞれ15問中11問以上正解で合格です。実技試験は記述式で回答し、満点の70パーセント以上の得点で合格とされています。ただし、試験の難易度によって、合格基準は変わる場合があります。「実技試験」は「学科試験」を両方合格していないと採点されません。ちなみに、「一般知識」と「専門知識」に合格したら、それぞれ1年以内に行われる試験は受けなくてもよい免除期間をもらえるため、順番にパスしていく人もいます。この期間のうちに「実技試験」までパーフェクトに合格しないと、また振り出しに戻ってしまいます。

では、気になる試験の中身を少し紹介しましょう。まず、「一般知識」では気象学の基礎的な知識が問われます。大気全体の成り立ちを知ることからはじまり、空はなぜ青いのか、雨や雪はどうして降るのか、風は一体どんなしくみで吹くのかなど、私たちが当たり前のように受け止めていることを「そもそもなぜ…」という視点で理解しておかなければいけません。こうした知識は、実際に天気予報を行う時にも非常に役立ちます。また「気象業務法」など天気予報や災害対応を行う上で知っておかなければならない法律に関する問題も必ず出題されています。

続いて、「専門知識」では天気予報の実務に関する問題が幅広く出題されます。主に、気象庁や気象台が行う気温や湿度をはじめとした様々な要素の観測の仕方や天気予報を作成する流れ、災害時に発表する防災情報などについて問われます。専門知識の難しいところは、観測のための機器や防災情報は年々進化しているため、常に最新の知識をアップデートしながら受験勉強をしないといけないことです。たとえば、

２０１３年８月30日に運用が始まった「特別警報」に関する問題は当然、２０１２年までは出題されていませんが、その後は何度も出されています。また、現在の雨雲の分布から今後の雨雲の動きを予想できる期間（「降水短時間予報」の予報対象期間）は、私が受験していた当時は６時間先まででしたが、現在は15時間先まで延びています。このため過去問の勉強だけに頼っていると、当時は正解だった知識がいまでは不正解になってしまうかもしれないのです。過去問はできるだけ新しいものから順番に解き、気象庁の最新の動きにも敏感になっておくことを忘れないようにし

問4　雲の中の水滴の成長について述べた次の文(a)～(d)の正誤の組み合わせとして正しいものを，下記の①～⑤の中から１つ選べ。

(a) 水蒸気の凝結による水滴の成長過程では，水滴の半径が小さいほど単位時間の半径の増加率は大きい。

(b) 水滴同士が衝突・併合して成長する過程では，一般に水滴が大きく成長するにつれて単位時間の半径の増加率は小さくなる。

(c) 暖かい雨の形成過程における水蒸気の凝結と水滴同士の衝突・併合による水滴の成長はともに遅く，水滴が成長して降水がはじまるまでに１時間以上かかる。

(d) 積乱雲の中では強い鉛直流の中で短時間のうちに水滴が大きく成長し，水滴の直径が10mm を超えることがある。

	(a)	(b)	(c)	(d)
①	正	正	誤	正
②	正	誤	正	誤
③	正	誤	誤	誤
④	誤	正	正	誤
⑤	誤	誤	正	正

図1-3　一般知識試験の例
第56回気象予報士試験「学科試験 予報業務に関する一般知識」で実際に出題された問題。（出典：気象業務支援センター）

ましょう。

「一般知識」と「専門知識」の試験時間はそれぞれ60分間で、問題の数は全部で15問です。こう聞くと、「あれ？　意外と問題の数は少ない？　早めに解き終わってしまうかも」と感じるかもしれません。私もはじめはそんなイメージを持っていましたが、実はそうではないことが試験問題を解いてみるとわかります。たとえば、「第56回の一般知識試験の問4」（図1－3）のように、（a）～（d）の4つの文章それぞれの正誤を問う形式では、①～⑤の5つの選択肢から1つ選びます。単純に1つの問題に対して、1つの答えを選ぶわけではないため、マークシート形式だからといって、当てずっぽうでは正解できません。じっくり問題を読み解いて、正解にたどり着くためにはとても時間がかかります。本番の試験では、マークシートの解答がズレていないか確認する時間も取ってほしいので、手際よく答えるために、過去問を繰り返し解いてトレーニングすることをおすすめします。

また、「実技試験」と聞くと、気象キャスターのように天気図を指し示して解説をす

問2　図6は6日9時の高層天気図と解析図，図7〜図9は6日9時を初期時刻とする24，48時間予想図である。これらと図1，図5を用いて以下の問いに答えよ。

(1) 6日9時に中国大陸の東岸にある低気圧に関連して，以下の問いに答えよ。

① 6日9時におけるこの低気圧の構造に関連して，以下の問いに答えよ。

ⓐ 図6(上)には，6日9時においてこの低気圧に対応する500hPa面のトラフAの位置が二重線で表示されている。トラフAと地上の低気圧中心との位置関係を20字程度で述べよ。

ⓑ 図6(下)に基づき，この低気圧に伴う850hPa面の温度移流および700hPa面の鉛直流の分布の特徴を35字程度で述べよ。

ⓒ ⓐⓑに基づき，6日9時に，この低気圧が発達傾向か衰弱傾向かを簡潔に答えよ。

図1

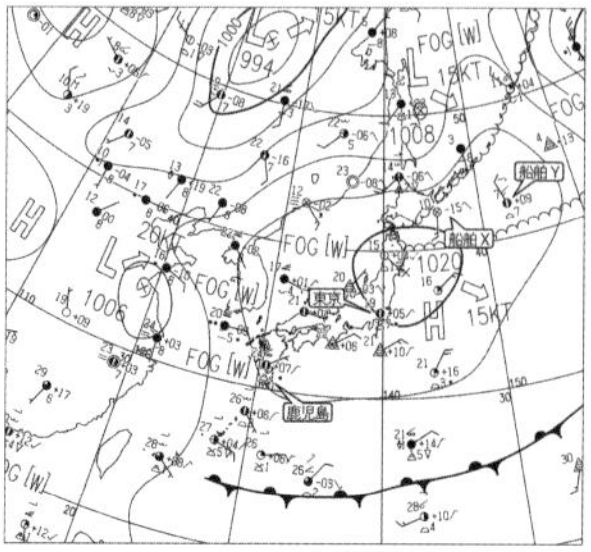

図6

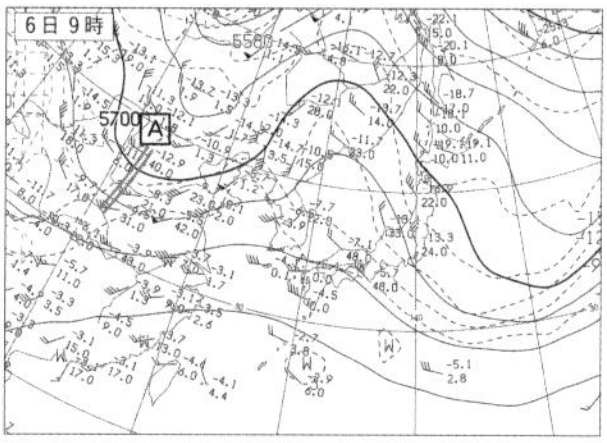

図1-4　実技試験の例

第52回気象予報士試験「実技試験2」で実際に出題された問題。文章で記述させる問題のほか、前線などを作図させる問題も。（出典：気象業務支援センター　一部加工）

る試験かと思われるかもしれませんが、すべて筆記試験です。気象キャスターになるための試験ではありませんので、アナウンス力など話す力は一切問われません。この試験では、大まかにいうと、実際に天気予報業務の現場で使われるような天気図を解析して、「どんな現象が起きるのか」や「その現象が発生する理由」を文章で的確に答える力が問われます。たとえば、地上と上空5500m付近の天気図を使って、低気圧が発達する理由を書かせる問題は定番中の定番です。この問題に正解するためのポイントは「上空の気圧の谷」が「地上の低気圧」より「西側」にあるといった位置関係を示す文章を書けているかどうかです。過去問をたくさん解いて訓練すれば、よく聞かれるパターンが見えてくるようになります。

合格率は約5％　でもその数字についてよく考えてみて！

気象予報士試験といえば、よく合格率の低さが話題になります。合格率は平均して5.5％です（2022年時点）。確かに非常に低いといえる確率で、合格するのはとても難しいと思われるのも当然でしょう。でも、ちょっと待ってください！　私はこの数字に怖気づいてあきらめる必要は全くないと思っています。

というのも、この合格率とは「一般知識」、「専門知識」、「実技試験」の3種類すべての試験に合格した人の合格率です。「一般知識だけ合格」など部分的に合格した人の数は含まれていません。まれに一発で3種類全て合格する人もいますが、順番に一つずつパスして3回での合格を目指すという方法もありです。段階を追って合格する戦略を立てるなら、完全合格の人だけの合格率を気にする必要はありません。

また、どんな試験にもいえることですが、試験を受験している人全員が同じ熱量で受けているとは限りません。入念な準備をしてきた受験生も多くいますが、一方で申し込んだけれど、ほとんど勉強してこなかった記念受験のような人もいるでしょう（後で詳しく書きますが、私自身もはじめは「にわか気象予報士受験生」でした）。本気で勉強してきた人だけの合格率を調べられるなら、もっと高くなると思います。

「全員が100％本気の受験生じゃない」ならば、あなた自身がちょっと周りの人より努力して勉強すれば、すぐに上位に食い込める可能性はあるはずです。このように考えると、「たった数パーセントの合格率でも、自分にだって合格のチャンスはある！」と勇気がわいてきませんか？　少し都合の良い解釈に聞こえるかもしれませんが、合格率の低さに自信を失いそうになった時は、こうして考え方を変えてみることをおすすめします。合格率およそ5％という数字は変わらない事実です。ですが、人生は何事もとらえ方次第で、大きく変わるものだと私は信じています。

「文系だから気象予報士は無理」は間違いです

中学校の授業で「低気圧が近づくと雨が降る、高気圧に覆われれば晴れる」といったことを学んだ人は多いのではないでしょうか？　こうした天気に関する基本的な知識は理科の授業で習いましたよね。気象学は自然科学や地球科学の分野に当たるため、気象予報士試験は理系に強くないと合格できないというイメージを持たれやすいです。ですが、気象予報士試験は文系、理系どちらか一方の力を求められるということはありません。先ほど紹介した「一般知識」の分野では、太陽と地球がやり取りする熱エネルギーにまつわる法則や地上や上空で吹く風の強さを求める計算式が登場するため、数学や理科などいわゆる理系科目に苦手意識のある人にとってはハードルが高いと感じるかもしれません。私も学生時代はずっと文系だったので、初めて気象予報士試験の参考書を開いた時は数式やグラフの多さに「うげ…」と怖気づきました。しかし、気象予報士試験を突破するには、現象や観測機器の名称、法律の知識など暗記する必要のあるものも多く、実技試験では文章で現象が起きる理由を書かせるなど文系の分野で強く求められる力も必要です。そして、どの種類の試験でも、問題文が非常に長いことが多いです。なので、出題者が何を答えとして求めているのか正確に把握するための国語力が必須です。

天気予報に興味ゼロだった私 「気象予報士」の資格との出会い

この本を読んでくれている人は、何らかの理由で「気象予報士」という資格に興味を持っているのだと思います。

難関といわれる国家資格を取ったというと、昔からしっかりとした目標があったのだろうと思われることもあるのですが、私が気象予報士を目指した理由は、決して立派なものではありません。資格に関心を持ったのは、就職活動がきっかけでした。それまでは特別、空を眺めることが大好きだったわけでもなく、大きな気象災害を経験したこともありませんでした。そして、ここが周りの気象予報士と私が違うところなのではないかと思いますが、正直なところ、私は大人になるまでほとんど天気予報に関心を持つことがなかったのです。家を出る時に雨が降っていなければ傘を持たない、急な雨に驚きいつも出先でビニール傘を買ってしまう…。暑かろうと寒かろうと気温に関係なく、その日着たいと思った服を着ていたので、出先で後悔することもよくありました。天気予報を真剣に見るのは、大雨警報や暴風警報が出て学校が休みになるかどうか気にする時くらいでした。実は、私が空や天気の魅力を知って、本当に気象の世界に関心を持つようになったのは、気象予報士の勉強を始めて随分時間が経ってからだったのです。

私が生まれ育ったのは大阪府岸和田市という、だんぢり祭りが有名な町です。いまのようにSNSなどインターネットのメディアが身近ではなかった時代、幼い頃に私が地元以外の新しい世界の出来事に触れられるものといえば、テレビが一番でした。テレビ局で働けるなら、どんな職業でもいいと思っていましたが、中でも自分の知らない世界の出来事を最前線でテキパキと伝えるアナウンサーの姿をかっこいいなぁと感じていました。高校を卒業して選んだ進学先は、マスコミの就職に強く、地方からの入学者も多くて自分の性格に合いそうな雰囲気の早稲田大学でした。大学生時代はアナウンス研究会というサークルや学生リポーター、出版社でのインターンシップなどを通して、ことばで伝えるための様々な社会体験をしてきました。その中でもやはり自分の声を使って伝える仕事に魅力を感じていましたが、アナウンサーという職業は東京のキー局、地方局どちらでもほんの一部の人しかなれないということを実感しました。伝える仕事はしたいけれど、特におしゃべりが上手いわけでもなく、目立った特技もない、どこにでもいる「きわめて普通の学生」である私が目指すのは難しいのだなと思いました。そんな時、「気象予報士」という資格があれば、専門分野を持っていることが強みになり、伝える仕事に就きやすいという話を耳にしたのです。なるほど、いままで天気について深く考えたことはなかったけれど、確かにニュース番組では必ず天気予報が

幼い頃からテレビっ子でした。でもまさか自分がお天気キャスターになるなんて…。人生は何が起こるか分からない。

あるし、気象予報士の資格があれば、どんな場所でも仕事ができるのではないか。そうした安易な考えでこの資格に興味を持ちました。初めての受験では暗記すれば解ける問題が多い「専門知識」の試験は突破しましたが、本気で気象に興味を持っていたわけではなかったので、計算問題の多い「一般知識」の勉強には身が入りませんでした。その後、本格的に就職活動が始まったため、合格はあきらめようと思いました。

目の当たりにしたプロの気象キャスターの姿
いつか災害報道に携わりたいと決意

気象予報士はあきらめたけれど、どうしても報道の仕事をしたい。そんな私が大学を卒業して初めて働いた土地は、北陸の富山県でした。縁もゆかりもない土地でしたが、富山で過ごしていけなければ、私はいま気象予報士になっていなかったと思います。ご縁のあったＮＨＫ富山放送局でニュースのほか、地域のイベント情報を伝える仕事や暮らしにまつわる生活情報のリポートを作る仕事を担当しました。リポーターとしては、テレビやラジオに出演するだけでなく、紹介するテーマ探しから、取材や編集作業も自分で担当し、放送の仕事全体の流れを幅広く経験させてもらいました。時には自分一人で出かけてカメラを回しながら、街を歩く人に声を掛けてインタビューをすることもありました。

　こうして社会人としてスタートを切った富山で、私はようやく天気の面白さに気付き始めます。まず、初めて暮らした日本海側の冬の天気に驚きました。富山は雪国だということは当然知っていましたが、雪が降らない日でも何日も曇りや雨の日が続くのです。そういえば、これは冬型の気圧配置と日本の地形が関係しているんだと気象予報士試験の勉強で学んだことを思い出しました。勉強というのは、実生活の中で、それまで点と点だった知識が線でつながった時

初めて体験した日本海側の冬景色。道路には融雪装置が取り付けられているなど雪国ならではの工夫を発見。

に真の面白さを実感できるんだと、頭に電球のライトがピカッと光ったような感覚でした。それに、生活情報のリポートを作っていると、野菜や植物の成長、自然の生み出す美しい風景はどれも富山ならではの気象が関係しているのだと知ることができたのです。

リポーターの仕事のほかには、テレビやラジオで短いストレートニュースを伝える仕事も任せてもらいました。学生時代もアナウンサー試験の受験のために、テキストとして用意された原稿を読む練習はしましたが、今度は実際に起きたニュースを伝えないといけません。本当に起きた出来事なのだと実感すると、記者の人が一生懸命取材して書いた原稿のことばの一つ一つにとても重みを感じました。なかでも、同世代の人が事件や事故、災害によって命を落としてしまったニュースを伝えるのは心苦しく、なぜこんなことが起きてしまったのかと感情移入してしまうこともありました。

富山ではたくさんの先輩に助けられましたが、特にお世話になったのが気象キャスターの木地智美さんです。富山県出身の木地さんは、気象情報を的確に伝えるだけでなく、地元の空や自然の風景を専門家としての視点から魅力的に教えてくれ、局内のスタッフからも地域の視聴者からも絶大な信頼が寄せられていました。また、社会人としても、伝え手としてもおぼつかない私にいつも優しく手を差し伸べてくれました。休日には富山県の伝統的なお祭りである「おわら風の盆」や立山連峰の紅葉を見に出かけようと誘ってくれ、そこでも天気や自然の知識をふんだんに教えてくださり、ますます気象に興味を持つようになりました。

普段はとても優しい木地さんですが、厳しい口調で話されたことがありました。ラジオの放送で私が天気について質問をしながら進めてい

立山連峰の紅葉は今もスマホの待ち受け画像にするほどお気に入りの風景。おわら風の盆の幻想的な舞いは、どこか別世界へ連れられていくかのような感覚になる。

た時のことです。日本に台風が接近していたため、私は最後に「不要不急の外出は控えてくださいね」とまとめました。すると、放送が終わった後、私の最後の一言について「どうしてあのようなことを言ったのか」と聞かれました。私は何となく台風の時はあのような表現がよく使われているという記憶をもとに、思わず言ってしまったのですが、今回の台風は富山の人たちがいますぐ外出を控えるほどの影響はなかったのです。確かに防災の視点からすると、台風が近づく時は外出しないのが一番ですが、どんな台風でも、どんな地域の人にとっても一概にそうとは限りません。よく考えずにいつも同じ表現を使っていると、本当に外に出るのが危険な時に信用してもらえなくなるかもしれません。気象情報は人の命に関わる情報なので、伝え手として自分の発することばの重みに、もっと責任を持たないといけないと反省しました。そして、木地さんがなぜ視聴者から強い信頼を寄せられているのか分かったような気がしました。私も木地さんのように自分のことばに責任を持った伝え手になりたい。もう一度、気象予報士試験に挑戦したいと、この時思ったのです。報道の仕事は起きた出来事を伝えることが基本です。ですが、災害が起こりそうな時は、これから迫る危険を防ぐために知ってほしい情報や取ってもらいたい行動を伝えることで、命を守ることができるはずです。ニュースを伝える仕事を始めたばかりの頃はまだ頭にありませんでしたが、いつか災害報道に携わって貢献したいと決意しました。

気象予報士試験にリベンジ　二度目は本気の受験生に

さて、学生時代はあきらめた気象予報士試験にもう一度、挑もうと決心してからは、すぐに合格を最優先にした生活にシフトしました。しかし、週5日フルタイムで仕事があったため、学生時代のように自分で自由に使える時間は少なく、勉強時間を確保するのはとても大変でした。以前、勉強した知識も抜け落ちてしまっていることが多かったので、またゼロからスタートするような感覚でした。

意識したことは、毎日少しでも、テキストにふれる時間を取ることです。お昼前の情報番組を担当する日は、午前10時過ぎに出局するため、朝の時間を有効に使いました。朝早く起きて、30分間だけテキストを読んでから仕事の準備に取り掛かりました。取材に出かける時は、電車やバスの中で復習できるように暗記事項をまとめたノートを持ち歩きました。体力に余裕のある時には、夜はなるべく早く帰って、1時間ほど問題集を解き、翌朝は前日に学んだことが記憶として定着しているか確認していました。過去に出された試験問題をじっくり時間をかけて解く時は休日を利用しました。家にずっといると集中力がなくなってしまうので、午前は家、午後は散歩してからカフェで勉強するなど時間を区切って環境を変える工夫をしました。「この問題を解き終わったら、ケーキを追加で注文しよう」などと、難しい問題に当たって心がくじけそうな時は「馬にニンジン作戦」で自分を追い込みました。

働きながら受験に挑戦する方へ　勉強を始めるハードルを下げるには

働きながら試験に挑戦する人が勉強の時間を確保するのは、精神的にも体力的にもとてもハードだと思います。ですが、**1日たったの30分でも、平日5日間作れば1か月で10時間に、半年間続ければ60時間になります。**それだけの時間を勉強のために積み重ねられれば、平日に何もしなかった場合に比べて、とても大きな力が身につくはずです。と、偉そうなことを言ってしまいましたが、私も勉強に身が入らないことはしばしば、というか、それはもう本当にしょっちゅうありました。

私の場合、最も苦労したのは勉強に取り掛かるまでにとても時間がかかることでした。先ほど、社会人になって時間を作るのが大変だったと言いましたが（確かにそれも事実ですが）、時間があったとしても、ちょっとテレビを観てからとか、もう少し休憩してから、と言い訳するうちに、勉強が後回しになってしまっていました。

そこで、私はスムーズに勉強を始めるために、次の日に解きたいと思う問題を前日の夜に眺めたり、少しだけ手を付けたりしていました。そうすると、翌日、その問題は初めて見る問題ではなくなっています。大まかに内容を知っていてゼロからのスタートではなくなるため、問題に取り組むまでの心理的なハードルが下がるのです。「未知」の物事を「既知」の物事に変える作業をするだけで、すんなりと勉強を始められるのではないでしょうか。

東京へのスクール通い　恩師との出会い

学生時代の〝にわか気象予報士受験生〟から〝本気気象予報士受験生〟になり、再度、受験してみたものの、結果は惨敗。独学で試験を突破する人もいますが、私は到底無理だと感じていました。そんな時に、気象キャスターとして活躍している方の合格体験の本を読みました。一つはNHK「ニュースウォッチ9」などに出演された井田寛子さんの本です。もう一つはウェザーマップの女性気象予報士10人の受験体験がまとまった本です。井田寛子さんは当時働いていた静岡から横浜まで毎週新幹線で、ウェザーマップの﨑濱綾子さんは沖縄から東京まで飛行機で、試験対策のスクールに通って勉強されていたと知り、それなら、私もやってみようと決心しました。

私が選んだのは学生時代にアナウンススクールでもお世話になったテレビ朝日アスクです。ここで現在も交流の続いている恩師の平沼洋司先生と出会い、私の合格への道は一気に開けました。平沼先生は気象庁の元職員で、以前はNHKなどで気象解説を担当されていたこともあり、お話がとても分かりやすいです。私があまりにも基本的なことを質問しても、大きな声で笑い飛ばしながら丁寧に教えてくれました。平日に勉強して分からないところをたくさんためて、土曜日に東京のスクールで先生に質問して解決する。そんなサイクルを繰り返していました。同じクラスで授業を受ける生徒の中には学生から社会人まで年代も性別も職業も様々な人がいました。他の人の質問内容を聞いて理解が深まることも多く、ともに勉強を頑張る仲間から大きな刺激を受けました。

「休日にわざわざ富山から東京まで通うなんて苦労したね」と言われることもありますが、振り返ってみれば、目標のために駆け抜けた日々はかけがえのない時間になりました。支えになったのは学生時代から交流の続く東京にいる仲間の存在です。東京のスクールへ通う時に、少しの時間、友人たちに会い、「気象予報士試験に合格するために東京に来ているんだ」と宣言していました。周りに宣言することで後に引けなくなりますし、私と同じように社会人になったばかりで、色々な悩みを抱えながら頑張る友人たちの姿に、大変なのは自分だけではないと励まされました。

いまはコロナ禍の影響もありオンライン配信の気象予報士試験対策の授業が数多くあります。私もウェザーマップが運営している試験対策講座「クリア」で講師を担当しています。地方にいながら東京で行われているのと同じ内容の授業を受けることができるので、当時の私からすると少し羨ましいです。通学に比べると、仕事や学業、家事や子育てなどとも両立しやすいでしょう。もちろんスクールに行って直接質問をすることで得られるメリットもありますが、オンライン授業なら移動時間を省けて、その分、自習の時間を多く取れると思います。試験で成果を出す実力を身につけるには、やはり自分一人で問題を解けるように、理解を深める時間を取る必要があります。

ほんとにあった奇跡みたいな話　最後まであきらめないで

試験の当日はこれまでやってきた努力を信じて、いざ出陣です。本番直前まで無理矢理にでも知識を詰め込もうとするのはやめた方がいいです。悪あがきはやめて、心を落ち着けて挑みましょう。

ここで、私にとってはちょっぴりお恥ずかしいですが、受験生の皆さんにとっては、ひょっとしたら希望になるかもしれないお話をします。実は私、２０１４年８月の試験で「一般知識」に合格したのですが、自己採点したところ、得点は満点の15点中９点でした。そして、２０１５年１月の試験で「専門知識」と「実技試験」に同時に合格しましたが、専門知識の得点は自己採点の結果、満点の15点中10点。通常、学科試験の一般と専門の合格基準は11点以上ですが、難易度が高かったらしく、どちらも基準点が９点に下がった回だったのです。試験から数日後、試験問題を作っている気象業務支援センターから解答が発表されるため、自己採点をしてみて、きっとダメだったんだろうなぁと落ち込んでいましたが、こんな奇跡もあるのです。これから受験する皆さんも試験中、難しくてどうにも手が出ない問題に出会っても、これまで蓄積してきた知識を総動員し、奇跡を信じて最後まであきらめずに頑張ってください‼

さて、２０１５年の３月６日、24歳の誕生日を迎える１日前のことでした。誕生日直前に不合格を突き付けられるなんて嫌だなぁと思いましたが、またここから気持ちを切り替えて前に進むために、おそるおそるインターネットの合格者発表をのぞいてみました。すると、なぜかそこに私の番号がありました。一度見ただけでは信じられず、電車の中でスマホの画面を何度も何度も見返しましたが、やっぱり、私の番号はあるのです。そして、自宅に帰り、急いでポストを確認したところ、届

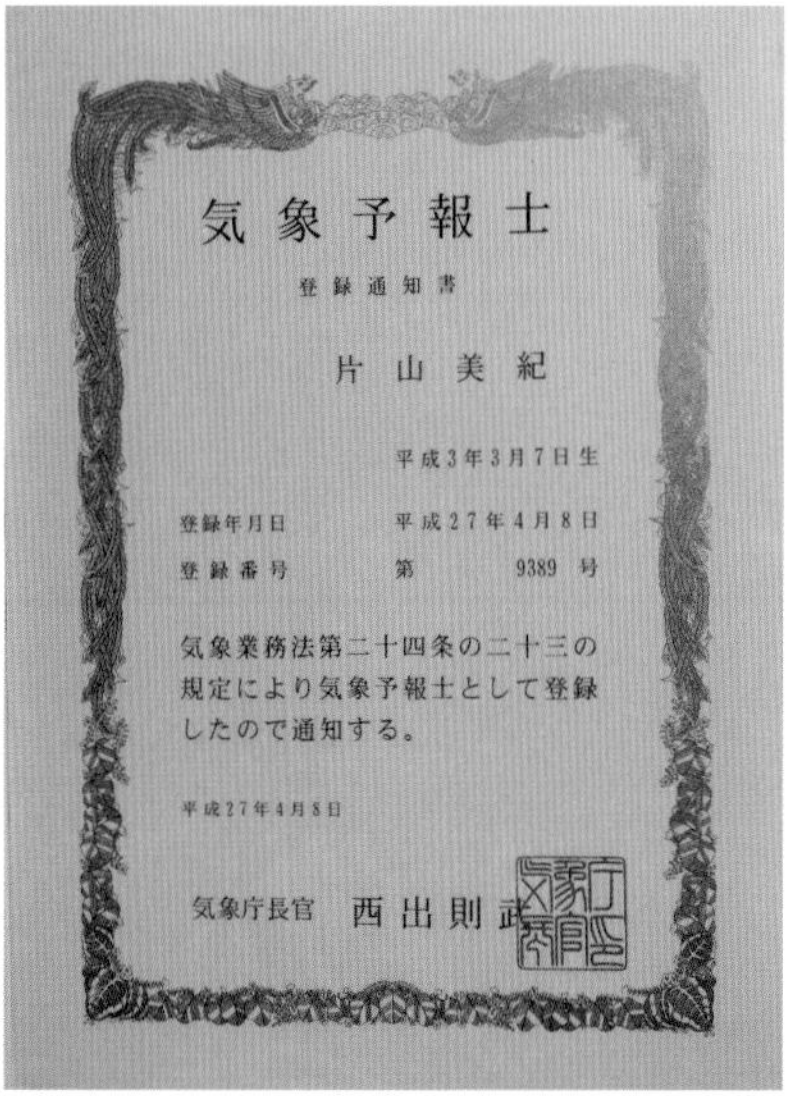
気象予報士
登録通知書
片山美紀
平成3年3月7日生
登録年月日　平成27年4月8日
登録番号　第　9389　号
気象業務法第二十四条の二十三の
規定により気象予報士として登録
したので通知する。
平成27年4月8日
気象庁長官　西出則武
週5日フルタイムで働きながら勉強して叶えた合格の夢。
「普通の私」に大きな自信をくれた。

いていたのは合格証明書です。どんな高価なものよりも嬉しい、最高の誕生日プレゼントになりました。

これまでの人生を振り返ると、大学受験や就職活動の時は何の疑いもなく、その時が来たら流れに身を任せてきました。しかし、気象予報士試験の受験は私が初めて自分で目標を定めて、自分で切り開いた道でした。

受験勉強は「計画錯誤」に注意　サステナブルな計画を

ここまでお伝えしてきた話のほかにも、これから合格を目指す人にとって役に立つのではないかと思うことを、僭越ながらアドバイスとしてお話したいと思います。

受験勉強を始める時に大まかに合格までの計画を立てる人は多いと思います。ですが、その計画、上手く進んでいるでしょうか？　1日にテキスト5ページ分を進めたら、1週間で35ページできる。1か月後にはテキスト丸1冊分を終えられる。よし、試験本番までには十分に勉強を進められる。計画はばっちりのはず。それなのに…全く思っていた通りに勉強が進まなかった。そんな経験をしたのは…、はい、私です。高すぎる目標を設定したわけではないにも関わらず、上手くいかなかったのは「計画錯誤」が原因だったのかもしれません。

皆さんは勉強の計画を立てる時、その計画は必ず「順調に進む」ことを前提に考えてしまっていませんか？　ですが、私たちはいつも想定した通りに勉強を進められるとは限りません。体調が良い時もあれば、悪い時もあります。社会人で試験に挑戦する人は、急な仕事が入って予定通りに勉強ができないこともあると思います。子育てしながら勉強している人は、自分が元気でも、お子さんが熱を出してしまうこともあるでしょう。私たちは計画を立てる時に楽観的に考えてしまいがちです。実際にかかる時間よりも短く見積もって予測を立ててしまう考え方のクセを「計画錯誤」というそうです。どうして同じ失敗をしてしまうのか、原因が分からないと前に進めませんが、やっかいな落とし穴も名前を知って、正体をつかめば対策を取れるはずです。

計画を立てる時には、進み方に波があることを認識した上で、自分自身の性格なども理解しておくといいかもしれません。上手くいかない日は思い切って、勉強はいったん手放し自分の好きなことをするのも手です。そうすると、すっきりした後はまた新たに勉強を頑張ろうと思えるものです。ダイエットを上手く進めるために「チートデイ」を作るように、たとえば、私は思うように勉強が進まない日は好きなテレビを見たりマンガを読んだり、買い物に出かけたりしていました。時には旅行の計画をすることもあり、その楽しみのために早く勉強を進めておこうと頑張れました。受験勉強のために自分の時間を全て犠牲にすると、精神的に追い詰められてしまい、かえって効率が悪くなることもあります。もちろん、あれもこれもとやりたいことを全部しながら勉強することは難しいですが、上手く優先順位を付けて、適度に息抜きをしながら、合格という目標を達成するまで無理なく進めていきましょう。計画を立てる時はやる気に満ち溢れているため忘れがちですが、「計画錯誤」にはご注意を。どうかゆとりを持ったサステナブル（持続可能）な計画を立ててくださいね。

試験勉強のモチベーションの保ち方

〝最高〟の未来と〝最悪〟の未来をイメージしてみる

気象予報士の受験勉強をしている人からよく聞かれるのが、どうやってモチベーションを保っていましたかという質問です。私も分からない問題にぶつかった時、合格までの道のりは果てしなく遠く、一生たどり着けないのではないかと感じていました。気象予報士の試験は、大学受験や高校受験、会社で取得が必須の資格試験などとは違って、自由参加の戦いです。試験を受けなさいと誰かから強制されているわけではないので、あきらめるのも続けるのも自分で自由に決められる分、モチベーションの維持はとても大切なことですよね。

モチベーションを保つために、私は最高の未来と最悪の未来をイメージするようにしていました。「〇年後には気象予報士に合格して、こんな姿になっていたい」「憧れの〇〇さんのようにテレビに出て人の役に立ちたい」「資格をいまの仕事に活かして昇進したい」。そんな風に明るい未来を想像するだけでも十分なエネルギーになりますが、どうもあまのじゃくな私はポジティブな感情だけでは、「でもきっと無理でしょ…」とすぐに心が折れてしまっていました。ですが、反対にネガティブな思考をしてみると、みるみるモチベーションが上がっていったのです。いつか合格できることを前提に最高の未来をイメージするのではなく、このままでは、いつまで経っても不合格かもしれないという最悪の未来をイメージしてみました。いまのまま何となく勉強を続けて、仕事も無難にこなしていても、そこそこ充実はしているかもしれませんが、果たして自分はそれで幸せなのだろうか。当時、社会人になったばかりで、周りの友人も慣れない仕事に苦労している人が多かったですが、数年経てば周りは仕事で昇進したり転職したりして活躍しているかもしれません。そんな中、もし自分だけが同じ場所にとどまっているとしたら、自分だけが変わらないままだったとしたら、これ以上恐いことはないと思いました。いつまでも気象予報士になれない自分の姿は、私にとって最悪の未来でした。自分にとっての最悪の未来を想像すると、そうはなりたくないという強烈な恐怖に駆られて、いま頑張らないとまずいという気持ちになります。そこからやらなければならない課題をあぶり出すと、一つ一つ立ち向かうべき問題が見えてくると思います。

気象予報士試験は受験回数にも受験できる年齢にも制限がありません。何度落ちたって、いくらでもチャレンジできますし、何歳になっても受験できます。ですが、いつまでも受けられるからと何となく勉強を続けることは得策ではないと思います。私のモチベーションの保ち方が誰にとってもベストだとは言い切れないですが、人生は有限です。自分の時間をできるだけ長く、本当にやりたいことに使うために、ぜひ一度、想像力を働かせてみてください。

合格するためのコツは完璧を目指さないこと

気象予報士試験のバイブルといわれる小倉義光さんの『一般気象学』（東京大学出版会）は、受験生の多くが一度は手に取ったことがある本だと思います。この本は気象学の知識を網羅していますが、初心者が隅々まで完璧に理解するのはかなりハードルが高いと思うので、ある程度、勉強が進んでから読むのがおすすめです。初めて気象予報士試験の勉強をするなら、試験対策専用の参考書や過去問題集を選んで学びましょう。試験対策のために書かれた本は、試験に出るポイントが分かりやすくまとまっています。試験に合格するためには、まずはこうした本に書かれている範囲をマスターしようという心意気で臨むのがおすすめです。そして、過去問題集の勉強を進める時には、あまり深追いし過ぎずに、ひとまずは問題で問われていることに対する範囲での理解にとどめるのがいいと思います。もちろん気になったことを探求する姿勢は素晴らしいです。ただ、気象予報士試験で問われる内容は、気象学という学問の中の一部です。あくまで気象予報士試験に合格することを最優先するためには、まずは試験で求められる範囲をしっかり習得することが一番でしょう。

また、試験本番でもよほど自信のある人でない限り、満点を取ろうと完璧を目指すのはベストではありません。どんなに熱心に勉強をして準備を重ねても、難しい問題は出るものです。そうした問題を何とか解こうといつまでも同じところでとどまっていると、時間オーバーになってしまいます。できるところを確実に取る。これが気象予報士試験合格のための鉄則です。特に、文章を書かせる問題の多い実技試験では、完璧な解答でなくても、必要なキーワードが入っていれば、部分点をもらえることがあるので、自分の書ける範囲で回答し、1点でも多く集めて合格を目指しましょう。

相棒は失敗した問題を集めたオリジナル問題集

私の受験勉強の相棒は過去問を解いて、3回以上間違った問題だけを集めてファイリングした、いつでもどこでも振り返れるノートでした。間違った問題をコピーして、同じページに解き方と正解を書き込んでおきます。こうすれば、自分のためにカスタマイズされたオリジナルの問題集ができあがります。同じ分野の問題はまとめて復習しやすいように、自由にページを追加できるルーズリーフを使うようにしました。こうしてまとめた問題は、問題文そのものまで覚えるくらい解き直しをしました。私は計算問題が苦手で、はじめのうちは同じ数式を使えば解ける問題でも、問われ方が変わると解けずにつまずいてばかりいました。ですが、問題の数をこなすうちに、計算問題もパターン化できるものがあることに気付きました。私の実践していた計算問題の攻略方法は次の通りです。

①問題を一通り読み、自分の知っている公式が使えない

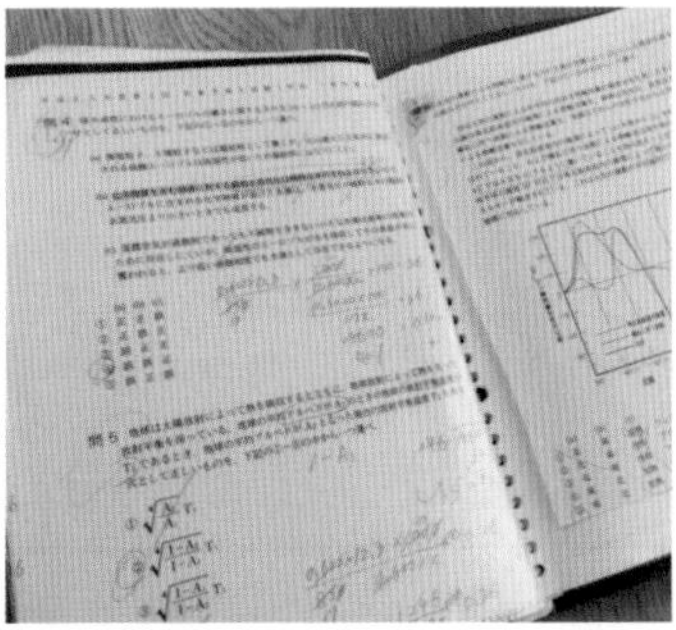

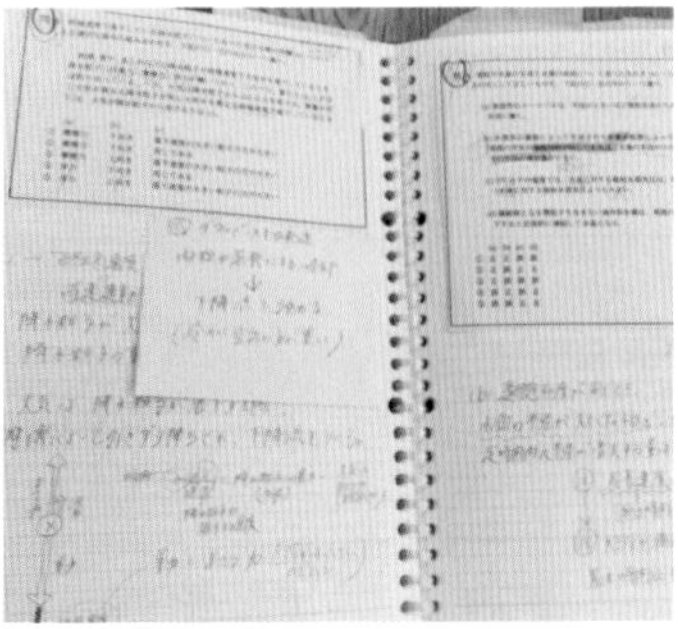

問題文を覚えるほど、何度も繰り返し見た勉強ノートたち。試験の直前には苦手分野の問題を集中的に復習。

か考えてみる
②使えそうな公式に問題文中の数字を当てはめてみる
③具体的な数字が分からない箇所はxやyなどの文字を代わりに置く

こうした解答の流れを自分の中でいくつか持っておくと、初めて見るような計算問題でも太刀打ちできる手段は何も持っていないというわけではないので、少しは恐くなくなるのではないでしょうか。

気象庁ホームページを活用して知識のアップデートを

気象庁のホームページは、気象予報士試験を受験する人にとって、まるで知識の宝石箱のようなものです。まだ見たことがないという人は、ちょっとのぞいてみてください。気象庁のトップページから「知識・解説」のページをクリックすると、そこには天気予報で用いる用語や気象庁から発表される情報の詳しい解説など、気象予報士試験で頻繁に問われる内容が盛りだくさんです。先ほど専門知識の試験では、最新の防災情報を問われることがあると書きましたが、気象庁のホームページではどんどん新しくなる情報の解説が丁寧に記載されています。ここを読むだけで試験に必要な知識をアップデートできるのです。

このほか、気象庁のマスコットキャラクター、はれるんが登場する「はれるんランド」もおすすめです。「どうやって雲ができるの？」「台風を動かすのは何？」といった気象予報士試験の勉強をする上で土台となる基本的な知識を解説してくれています。

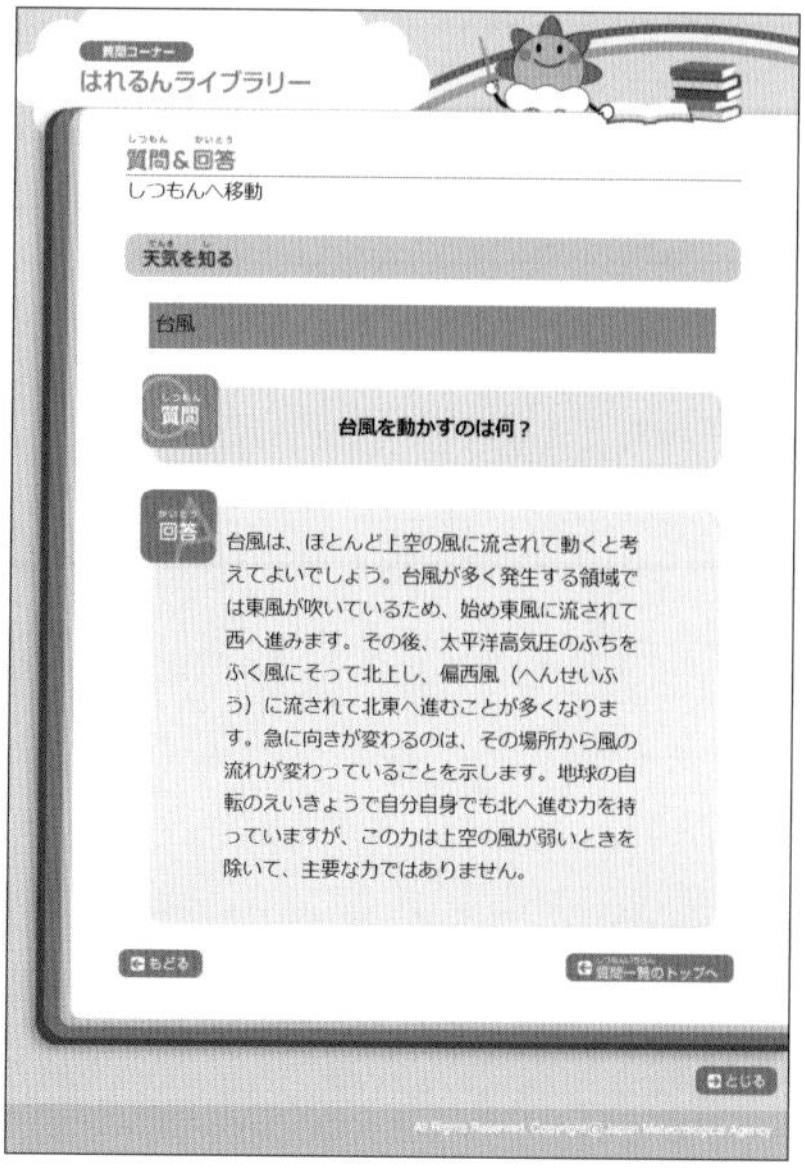

はれるんが天気のしくみを分かりやすく解説してくれる。（出典：気象庁）

総仕上げにおすすめ　白紙まるっと書き出し方法

もう一つ、時間がある時に総復習としてやっていたのが、何も書かれていない白紙に自分が暗記している知識をまるっとすべて書き出す方法です。たとえば、気象予報士試験で要となる「降水過程」の分野では、雨粒の発生する過程の名前や公式など、まずは頭に入れないといけない知識がたくさんあります。この分野を復習したい時、何も書かれていない白紙のノートや紙を広げて、自分で「降水過程」のストーリーを書き連ねていくのです。雨粒ができるには、まずは空気がチリやほこりなどの「エアロゾル」で汚れている必要があり、エアロゾ

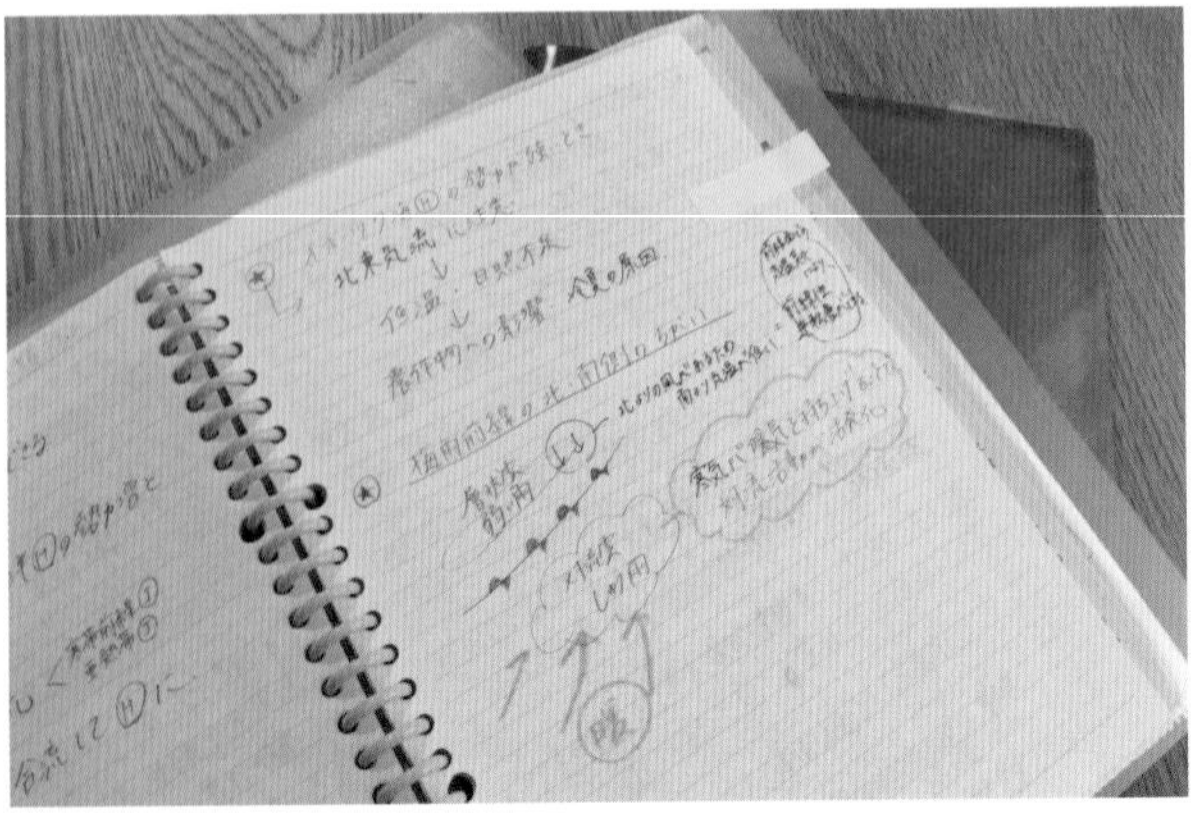

白紙にまるっと書き出す勉強法は中学時代からの習慣。

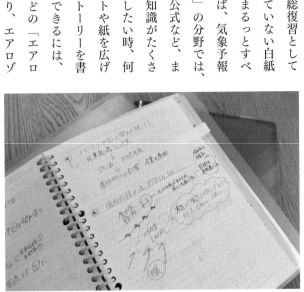

ルが水蒸気とくっついて雲の粒である水滴になります。できたばかりの水滴は、はじめは「凝結過程」と呼ばれる成長の仕方を取りますが、やがて「併合過程」で大きくなり、上昇気流で支えきれなくなると雨粒として落下していく…このような流れを自分で教科書を作るようなイメージで書き連ねてみましょう。

知識がまだまだ浅いうちは、何も書けずに立ち止まってしまうかもしれません。とにかく自分の中にある知識を書き出したら、テキストなどで記憶があやふやだったところやすっかり忘れていたところを確認します。なぜ、この方法を取っていたのかというと、毎回、既存の問題集にある問いに答えることに慣れると、その質問には答えられるものの、別の角度で質問された時、抜け落ちている知識があり答えられないのではないかと思ったからです。知識の抜け漏れに気付き、しっかりと地盤を固めるためにこの方法は有効だと思います。時間がある時や、ある程度勉強が進んだ時の総復習としてやってみることをおすすめします。

合格してからの道のりは？

２０１５年の春にＮＨＫ和歌山放送局に移籍しました。ほぼ同じ頃に思いがけなく気象予報士試験に受かったことを報告できたため、職場でも何か活かせる場があればと考えてくれ、地元の気象台と協力した防災のワークショップの司会や紅葉の時季には気象予報士の知識を活かしたリポートの作成などチャンスを与えてもらいました。和歌山は私の地元から電車で30分以内で着くほど近くて馴染みのある地です。地名も聞いたことのあるものが多く、地元ならではの話にもすんなり入ることができたので、働きやすくて毎日が楽しいと感じていました。気象予報士試験にはすでに合格しているし、資格を活かした仕事も少しずつさせてもらえているため、本格的に気象キャスターの仕事を始めるのはしばらく先でいいかもしれないなと感じていました。

そんな時、和歌山県に台風が接近することがありました。本州最南端で台風の進路に当たりやすい和歌山県は過去に何度も台風の被害を受けてきました。２０１１年には台風12号の影響で大きな土砂災害が発生しました。「紀伊半島豪雨」と呼ばれるこの大雨の被害を受けて、２０１３年に特別警報の運用が始まりました。こうした過去の経験から和歌山放送局では「絶対に災害によって一人の犠牲者も出さない」と普段から防災のためにできる情報を伝えるなど災害報道に力が入れられていました。台風の接近時、次から次へと出される警報や自治体が発表する避難情報を伝え続けました。しかし、私は気象予報士としては何の情報も出せなかったのです。いま考えると当たり前ですが、試験に合格したからといって、すぐに専門家として災害報道に携われるものではありません。いくら知識を持っているからといっても、日々の天気を予想することと試験に合格することは違います。試験では出された問題に対する正解がありますが、実際の気象業務には正解がなく、この先どんなことに注意が必要なのか、問題をも自分で見つけていかなければいけません。災害が起こりそうな時、気象予報士として危険を察知できるようになるためには、日々、気象業務に携わり力をつけていくしかないのです。このままでは資格を持っている意味がないと実感した私は、一日も早く気象予報士として役に立てる力をつけるため、気象予報士や気象キャスターが多く所属する株式会社ウェザーマップで働くことに決めました。

はじめは、ＴＢＳなど民放キー局での先輩気象キャスターのサポート、ＣＳ放送やインターネット配信動画「Yahoo! 天気・災害動画」への出演、アナウンサーが読む天気予報の原稿の作成など幅広く気象業務を経験し、その後、テレビ静岡にて初めて一人で毎日の気象解説を担当することになりました。静岡での経験が私を気象予報士として大きく成長させてくれ、2020年の春からは東京にあるNHK放送センターにて首都圏や全国の気象情報の解説をすることになりました。次の章からは気象キャスターの仕事内容や気象キャスターになるために求められる力などを、私の経験をもとにお伝えしましょう。

母校・早稲田大学で防災気象情報の活用について講演。どんな分野とも関わりのある天気予報を活用することは社会人として必須のビジネスマナーになるはず。

春のおいしい天気予報
「春はパン作りにぴったりな季節？！」

春眠暁を覚えず。早起きが苦手な私だけでなく、暖かくなる春は居心地の良いお布団の中でいつまでも眠っていたいと、つい寝坊してしまう人は多いのではないでしょうか。どうしても寝過ごせない。そんな日には、おいしい朝ごはんを準備するようにしています。私の朝のおきまりは湯気の立つ温かいコーヒーに、焼き立てのパン。時間のある時は、パンを手作りすることもあります。

そんな時、私が気にしているのは気温と湿度です。なぜなら、パン生地を上手く発酵させるために、とても大事な要素だからです。ふっくらとしたパンを作るのに欠かせないイースト菌がよく働いて発酵するのは、大体温度30〜40℃、湿度80パーセントの環境です。この環境を保つために、季節によって微妙に水温や室温を変えないと上手く発酵が進みません。おいしいパンに仕上げるためには、生地が乾燥するのはもちろん、べたつきすぎるのもよくありません。このため真夏や真冬は一苦労しますが、過ごしやすい春は部屋の中の温度も湿度も整えやすく、パンを作るのにちょうどいい季節といえそうです。何かと緊張の増える新しい季節の幕開けには、生地をこねたり叩いたりする作業も、ちょっとしたストレス解消に役立つかもしれません（笑）。料理も天気予報と同じで、素材を活かして、どのように仕上げるかは人それぞれ。作り手によって個性ある味が出るのだと思います。

第2章

気象キャスターという仕事

気象キャスターの仕事とは？　天気予報コーナーの舞台裏

1日たった5分ほど。気象キャスターが番組に出演する時間は平均してこれくらいです。とても短い時間ですが、この数分間のために私たちは何時間も前から準備をして生放送に臨みます。それでは、本番までにどんなことをしているのか、簡単に紹介しましょう。これは夕方の天気予報を担当する場合の私の1日の流れです。

通勤時間はネタ探しに利用

放送局に向かうまでの道のりは絶好のネタ探しの時間です。めずらしい空の風景や季節の植物を見つけたらシャッターチャンス。ハロを見つけて、当日の放送で紹介したこともあります。

天気図の解析

出勤したら、まず天気図の解析をします。気象庁から送られてくる天気図はおよそ30枚にも及びます。気象予報士はテレビでよく見る地上天気図のほかに、上空１５００ｍや５５００ｍなどの気温や風の流れが分かる専門天気図を解析し、大気の状態を立体的に把握します。白黒で印刷された図のままだと分かりにくいため、赤や青などで色付けしています。色の付け方は、寒気には青、暖気には赤、乾燥している領域は黄色など人それぞれです。私は昔、先輩が使い終わって捨てようとしていた天気図をもらい、どんな所に着目して色付けしているのか勉強し

ハロ（暈）は太陽や月の周りに現れる光の輪。低気圧の接近時に見られる薄い雲の氷の粒に光が屈折してできる。天気下り坂のサイン。

ていました。毎日、解析を積み重ねることで日々の細かな違いや災害が起こりそうな兆候にも気付けるようになります。

天気図のほかにもアメダスや気象衛星、気象レーダー、スーパーコンピューターによる雨雲の動きの予想などあらゆるデータを調べて、この先の天気の流れをどう伝えればいいのか考えていきます。

天気予報コーナーの構成を考える

天気図の解析が終わったら、天気予報コーナーの構成をします。東京にあるキー局の場合はチームを組んで作ることが多く、番組に出演している気象キャスターは、天気予報のコーナー全体を監修

「天気図の解析」は「空を見ること」と並んで重要な気象予報士のルーティン。

するプロデューサーや魅力的な演出を考えるディレクター、細かいデータの分析などをサポートする気象予報士たちと力を合わせて制作します。きょう伝えるべき最も大事なことは何なのか話し合い、効果的な見せ方ができるようにアイディアを出し合っています。

この時、私たちが大事にしていることは、「視聴者がいま知りたいことに応えること」、そして、「伝えるべきことがきちんと届く内容にすること」です。

たとえば、普段の天気予報では「あすの天気→気温→週間天気」といったように時系列に沿って説明することが多いですが、梅雨時など雨が続いている時は多くの視聴者にとって「この先、いつ晴れるのか」が一番知りたいことではないでしょうか。そんな時は、まず「週間天気」で次に晴れるタイミングを伝えてから、あすの予報を詳しく説明します。このほか、台風が接近している時には、台風に伴う雨や風の予想など防災情報に絞って伝えることもあります。

また、テレビは家でリラックスしたり、家事や仕事をしたりしながら見ている人が多く、画面の前でじっくり一言一句、聞き漏らさないように見るという人はあまりいませんよね。短い天気予報の中であまりに多くの情報を伝えても、視聴者に届かなければいみがありません。

ればいみ

れば意味がありません。情報は受け取る人にきちんと伝わって初めて価値を持つので、ポイントを絞って「ながら見」でも伝わるような番組作りをしないといけないのです。話し合いの中で、時には意見が異なることもありますが、自分にはない視点がもらえるため新たな発見が生まれます。

一方で、地方局の場合はすべて自分一人で準備を行うことが多いです。はじめはやることが多くて大変かもしれませんが、自由な演出にチャレンジできる楽しさがあります。後ほど、私が地方局でどのように番組作りを進めていたかもお話します。

ブリーフィング

放送局や気象会社によっては、ブリーフィング（報告会）を行うことがあります。同じ職場に複数の気象予報士がいる場合は、代表の

正確な情報を伝えるために下調べは入念に。気象や防災のほか天文や暦などの勉強も欠かせない。

気象予報士が自分の解析した内容を発表します。気象予報士によって、今後の天気がどう変化すると予想しているか見解は様々ですが、他の予報士たちから意見をもらうことで新たな気付きも生まれます。

メイク・衣装に着替える

番組の準備をしている途中に、出演するための衣装に着替えて、メイクをしてもらいます。この時間は、私にとって一日の中で最もリラックスできる時間です。メイクさんと好きなドラマやマンガの話をすることもありますが、時には人生相談もします。そして、この時、きょうの天気や気温について体感を尋ねています。そうすると、「そろそろ衣替えをしようか迷っている」「台風の進路予想を見ていると、日本の近くで急カーブする予想になっているのはなぜ？」など、自分一人の頭の中だけでは得られない生きた情報と出会えます。また、「衣装は自分で用意しているのですか？」といった質問を受けることがありますが、局や番組によって様々です。キー局ではプロのスタイリストさんが選んでくれることが多く、季節に合わせた色とりどりの素敵な衣装を準備してくれます。体型に合う衣装があるか心配という人もいるかもしれませんが、サイズは細かく調整してくれます。地方局では衣装は自前のことが多く、私も静岡で働いていた時は自分で用意することがありました。画面に映えるけれど派手になり過ぎず、見ていて好感の持てるファッションが分からず困りましたが、自分の好みに合った洋服を数着、選んで届けてくれる便利なサブスクリプションサービスを見つけることができました。最近はこうしたファッションレンタルサービスの会社が増えているので安心ですよ。

リハーサル

メイクを終えたら、いよいよ本番…！と、その前にリハーサルがあります。リハーサルでは、実際に本番で放送する画面を使って話してみて、どれくらいの時間がかかるのかを測ります。予定されている時間をオーバーしていたら、どこかで話がだれてしまっている可能性大です。もっとコンパクトに分かりやすく伝えられる表現に修正します。また、アナウンサーや番組の司会者などと一緒に掛け合いながら天気予報をする場合は、きょうの内容で一番気になった点やもっと詳しく知りたい点などについて意見をもらうこともあります。

本番直前に予定変更も

リハーサルを終えたら、もう一安心。あとはリハーサル通りにやれば大丈夫…。とはいかないのが生放送であり、特に天気予報は、ガラッと内容を変更しないといけないことがあるのです。それなら何のためにリハーサルをしたのかと言いたくなりますが、天気は生ものです。私たちの準備などお構いなしに空の状況は変わります。真夏の午後は雨雲が急発達することがよくあり、そんな時は使う画面や話す内容を急遽、変更することもしばしばあります。特に、台風や大雨など悪天候の時は状況が刻一刻と変化するため、臨機応変に対応しないといけません。こうした気象状況の変化も見込んで、いくつかのシナリオを想定しつつ構成を作っておくことも大事です。

外から中継で天気を伝えていた時は、本番の時間になって、突然風がビュービュー強まったり、雨が降り出したりすることもありましたが、その時々の生の天気の情報を伝えるのも大切な役割です。天気予報をはじめ生放送は思い通りにはいかないものなのです。

放送本番

さあ、いよいよ迎える本番は伝えるべき内容をギリギリまで確認して挑みます。どんな人にも安心して聞いてもらえるように、できるだけ落ち着いた低めのトーンで話すように心掛けています。私は関西出身なので地元の友人などと話す時はかなり早口なのですが、放送ではお年寄りから小さな子どもにまでしっかり伝わるように、なるべくゆっくりと話しています。私と同じように地方出身の方は共通語のアクセントで話すことに、はじめは慣れないかもしれませんが、練習していけば自然と身につくようになりますし、地元の放送局なら地域の言葉で話した方が親しみを持ってもらえることもありますので、個性として大事にしてください。

本番中は気合を入れつつも、常に冷静さを保つようにしています。生放送では突発的なニュースが入ることもあり、そうなると番組全体の構成が変わるため、天気予報の時間も予定より短くなる場合があります。天気予報は番組の最後に組まれることが多いため、気象キャスターは時間の調整を任されることもよくあるのです。そんな時も焦ることなく冷静に臨めるように、「もしも20秒短くなったら、ここをカットしよう」、「反対に予定より長くなったら、この部分をもう少し詳しく話そう」などと色々なパターンを想定しておきます。

思いがけないフリにもおそれずに

情報番組の場合はタレントさんと共演することもあるので、天気予報とは直接関係のないことを聞かれるなどアドリブを求められることもあります。特にお笑い芸人さんからは思ってもみなかった会話のパスが来ることも…。ですが、こちらは笑いのプロではありませんから上手く返そうなんて身構える必要はありません（笑）。どんな答えでも面白く展開してくれるので、自由に会話を楽しめば大丈夫です。私は静岡の番組に出演していた時、予定なく名産のお茶を飲んで感想を求められ

その日の天気を最も分かりやすく伝えられる画面を選んで解説する。

ました。番組で呼ばれていた自分のニックネーム（ミキティ）になぞらえて「おいティー」と答えましたが、さすがにその時は予報にはなかった寒風が吹いたような記憶があります。

原稿は見ているの？

「本番では原稿は見ながら話すのでしょうか？」という質問をよくいただきます。原稿はどんな内容を話すか自分の頭の中を整理し、周りのスタッフに内容を把握してもらうために書きますが、私の場合は本番はほとんど見ていません。原稿を見ながら伝えていると、途中でどこまで読んだのだろうかと頭が混乱してしまいますし、突然のトラブルで予定とは違う画面が出てきた時に対応できなくなるからです。「よく長い文章を暗記できますね」と言っていただくこともあるのですが、私も気象キャスターの仕事を始めたばかりの頃は原稿なしで話すなんて、とてもできないと思っていました。先輩キャスターのように滑らかに話せるようになりたいと、テレビの天気予報を録画して文字を起こして練習してみても、全然スムーズに話せないと愕然としました。いまは原稿なしで話せるようになりましたが、コツは自分の頭の中でしっかりとストーリーを立てること。話の流れがまとまっていると、記憶が飛んで頭の中が真っ白になるということを防げます。そして、この画面で言いたいことは何なのかポイントを整理しておくことです。ポイントさえしっかりしていれば、少しくらい助詞などを間違ってしまっても話の内容は伝わります。

放送を終えて

放送を終えたらスタッフと一緒に録画を見て、言い間違ったところはないかなど確認します。毎日反省点もたくさん見つかるため、次に活かせるように一人になってから改めて振り返り、メモを残すようにしています。

帰宅途中、スーパーに寄って夕飯の買い物をすることが多いのですが、そんな時は野菜の価格をよくチェックしています。野菜は気温や降水量など気象の変化によって価格が変動しやすいためです。また、料理は好きですが、毎日の献立を考えるのは大変なので必要な食材がすべて詰まったミールキットもよく使います。レシピ通りに無心になって料理を作る時間は癒しのひとときです。寝る前には、よく夫にきょうの天気や気温の体感を尋ねています。「きょうは予報通りに暑かった？　思ったより過ごしやすかった?」など、天気予報がどのように伝わって、受け取った人はどう感じたか聞いておきたいのです。夜更かしして、子どもの頃はなかなかできなかったマンガの一気読みをすることもありますが、翌日の放送に備えて疲れを取るためにしっかりとお風呂に浸かって休むようにしています。

気象キャスターのオーディションって?

気象予報士試験に合格したら、すぐにテレビやラジオの天気予報で解説できるのかというと、そうではありません。では、気象キャスターとしてテレビに出演するには、どうすればいいのでしょうか?

私たち気象キャスターの多くは、テレビ局が開く気象キャスターのオーディションで採用された人達です。私のように気象情報を提供する民間会社で働いている人もいれば、芸能事務所やアナウンサー事務所に所属する人、自分で会社を経営している人もいます。同じ局に出演している気象キャスターでも所属先は様々です。

気象キャスターのオーディションではどのようなことをするのか、少し紹介します。局や番組によって違いがあると思いますが、天気図を解析して、自分のことばで天気予報の解説をしてみるのが基本だと思います。カメラの前に立って、用意された天気予報の画面を見ながら、決められた時間内にコメントをおさめます。

番組によって求められる気象キャスターはその時々によって違いますが、視聴者が好感を持って、安心して情報を受け取れるかどうかを見られていることが多いようです。あまりにもオドオドしていると、落ち着いて見られないので、緊張はしてもできるだけ堂々と自信を持った口調で話しましょう。そして、与えられた時間の中で的確にポイントをおさえて情報を伝えられるかどうかも大事です。気象キャスターは、どんな番組であっても、いつかは災害報道に携わることになると思います。いざという時に、数ある情報の中から、見ている人の命を守るために伝えるべき最優先の情報は何かを把握し、要点を分かりやすくまとめて伝える力は絶対に必要です。

カメラの前での解説が終わったあと、番組のスタッフからいくつか質問を受けることがあります。質問される内容は、気象キャスターへの志望動機、天気予報で伝えたいことのほか、あなた自身の性格や好きなことなど一般的な就職活動でも聞かれるようなことが多いです。オーディションはとても緊張しますが、上手く伝えられなくても、自分の考えを自分のことばで一生懸命に伝えることが大切です。本心ではない上辺だけのことばは、初めて会う人にも見抜かれてしまうものです。特に気象予報士として、どんな思いで天気予報を伝えたいかは、分かりやすく伝わるように事前に何度もシミュレーションしておくことをおすすめします。逆に、あなた自身の個性を引き出してくれるような質問には、想定していなかったことでも素直に答えましょう。かくいう私は素直に答えすぎてしまったことがあります。よく見る番組を聞かれ、大好きだったフジテレビのドラマ「最後から二番目の恋」について熱く語ってしまいました。ここは天気予報コーナーがある報道番組や情報番組を答えるべきでした…！

どうしても緊張してしまうという人のために。なるべく緊張をやわらげるためにできることとして、私が一番伝えたいのは、「可能な限りの準備をする」ことです。どんな天気図が出されるかは分かりませんが、春夏秋冬、梅雨、台風、大雪など典型的なパターンの天気の解説はできるように練習をしておきましょう。地方局の場合は、その地域の気象や地形について基本的なことは知っておくといいですね。地元気象台のホームページには役立つ情報がきっとあると思います。気象キャスターのオーディションは、いわゆるお天気お姉さんなどのタレントを選ぶためのものとは違い、「気象の専門家」として解説を任せられる人を選ぶ場です。なので、「なぜこうした天気になるのか？」など、視聴者が疑問に思うことに対して、分かりやすく理由を説明できることがポイントです。

オーディションは、気象予報士試験のような学力を問うテストではないので、必ずしも話す技術などが優れている人が合格するといったわけでもありません。番組の雰囲気と合うかどうかもとても大事なので、あるオーディションで一度落ちてしまったから、もう自分は気象キャスターにはなれないと落ち込む必要は全くありません。もし反省点があれば、次の機会までに改善すればいいだけのことです。私自身も特別、他の人より話をするのが上手かったわけでも、何か強烈な個性があったわけでもないと思いますが、これまで気象キャスターとして選んでもらえた番組とは何らかのご縁があったのだと思います。

どんな人が向いている？　気象キャスターに必要な力とは？

気象キャスターに向いている人はどんな人でしょうか？　私が考える「気象キャスターに備わっているといいな」と思う要素は、「想像力」「好奇心」「自己管理力」の3つです。

まず、「想像力」は未来のことを考える天気予報の仕事をするには欠かせません。空の様子や天気図などのデータをもとに、今後どんな天気になるだろうか、そしてその時、生活している人はどんな行動を取るだろうかとイメージすることで、より役に立つ情報を伝えられるのではないかと思うのです。それに、テレビを見ている人は自分とは立場の違う人がほとんどです。お年寄り、小さな子ども、外でバリバリ仕事をする人、家で家族のために働く人など、いろんな立場の人が見てくれています。いま、そうした視聴者の方々がどんな情報を求めているのか想像しなければいけません。また、天気が荒れている時は災害が相次いで発生しやすくなります。次にどんなことが起こるか先回りして想像し、いま必要な対策について情報を発信することも大事です。

次に「好奇心」です。天気予報コーナーではただこの先の予報を伝えるだけでなく、生活に密着した情報や季節の変化を感じられる話題を求められることがよくあります。四季の変化に富んだ日本には、季節の植物や旬の食べ物、古くから伝わる伝統行事、月や星などの天体ショーなど天気や空にまつわる様々なトピックがあります。こうした話題も伝えることで、何気なく過ごしていると見逃してしまう季節の歩みを知ってもらえます。また、猛暑や水害によって、電力が不足したり、野菜などの物価が上昇したりするなど社会問題が起きることもあります。そうなると、今後の天気や気温の見通しはいつも以上に求められる情報になるでしょう。天気予報と一緒に、日常のいたるところにある話題を伝えることで、毎日がより豊かで生活しやすくなるように…という意味を込めて、私は半径5メートルの暮らしを変える天気予報を伝えようと心掛けています。思いがけないところに天気にまつわる話題が隠れているかもしれないので、ぜひ好奇心を忘れずに日常を丁寧に観察してみてください。

最後に「自己管理力」です。気象キャスターは意外にも体力勝負の仕事です。放送に出るのは数分間と短いですが、それまでの準備にたくさんの時間がかかりますし、災害時は30分～1時間に1回など何度も出演して解説しないといけません。時には人手が足りず、休日でも急遽働くことがあります。朝の番組を担当する場合は、真夜中に起きなければならないので、体調管理はとても大事です。

また、いつも落ち着いた気持ちで放送に臨むためには、精神的にも常に安定している人の方が向いていると感じます。ストレスを抱えたり、平常心でいられなくなったりすることもありますが、自分なりのリラックス方法を見つけ、心を落ち着けられるものを備えておいて、感情を整理するしくみを持っておくといいと思います。

私の気象キャスターとしての原点　毎日全力で楽しんだ静岡時代

気象キャスターを目指す人には、可能ならぜひ地方局から始めることをおすすめします。地方局は比較的自由にコーナーを作らせてもらえることが多いですし、何より自分一人でその地域の予報を担当することで、気象予報士としての自信がつきます。

私が気象キャスターとして、初めて月曜日から金曜日まで毎日同じ時間帯に一人で天気予報を伝える仕事を始めたのがテレビ静岡です。新しい社屋が完成し、新番組が始まるため、局として本格的に気象キャスターを採用したいとのことで選んでいただきました。

静岡県は富士山をはじめ、自然の魅力が満載で、気象の学びも深まりました。めったに雪が降らない土地として知られていますが、御殿場市や伊豆半島にある天城山などは大雪になることもあります。富士山に積もる雪の量で季節の移り変わりを感じ、山頂にかかる笠雲で天気を読むのも、この土地で気象解説を担当

子どもたちにも楽しんでもらえる天気予報にしたいとイラストやクイズで工夫を。ハロウィーンには鈴木敏弘アナウンサーと一緒に仮装も。

できたからこそ味わえた醍醐味でした。

前任の気象キャスターはいなかったため、本当にここまで私の思い通りにやってもいいの？　と少し心配になるくらいに好きなことをやらせてもらいました。街中の人の天気にまつわる素朴な疑問を解決するコーナーを立ち上げたほか、天気予報の最後に（決して上手いとはいえない）自作のイラストを紹介したり、毎日、天気に関するクイズを作ったり、アナウンサーの方と一緒にコントを披露したことも……。夏の暑い日には熱中症対策の解説をするために、番組の中で呼ばれていた私のニックネーム「ミキティ」であいうえお作文をつくったこともあります。街中でも「いつも見ているよ」「子どもたちがお天気ごっこと言いながら真似をしているよ」と声を掛けていただき、とても励みになりました。いつも意識するようにしていたのは、「きょうの夕飯でちょっと自慢できるような天気の知識を加える」ことです。ただ、予報を伝えるだけでなく、何か「へえ～、なるほどね」と感じてもらえるような話をできるように心掛けました。

また、報道デスクから私の持っている「薬膳マイスター」という資格を活かして、天気と料理を掛け合わせたコーナーをやってみないかと提案してもらいました。旬の食材を紹介して、季節の変化に合わせた食事で体調を整える方法を紹介する「おいしい予報」というコーナーが誕生しました。薬膳の有名な街・富山で趣味として取った資格がまさか気象予報士になってから活きるなんて思ってもみませんでしたが、天気は暮らしにまつわるどんな出来事にも関わっているんだと実感できたとても貴重な経験になりました。気象キャスターを目指す人は趣味などがあれば色々な方面で組み合わせてオリジナルなお天気コーナーを作れるかもしれません。提案次第で実現のチャンスは作れると思いますので、アイディアのある人は温めておくといいですね。

とっておきのお天気ネタを作るために

暮らしに密着したオリジナルな「お天気トピック」を作るために私が心掛けている

ことを紹介します。

会話の中にヒントあり

家族や友人とおしゃべりする時はぜひ天気の話題も取り入れてみてください。天気の専門家ではない人たちとの会話から、視聴者が知りたいと思うようなテーマが見つかるかもしれません。「冬物の布団を出すのはいつがいい？」「子どもの習い事の送り迎えがあるから、ゲリラ豪雨はどんな時に起こるのか教えて！」など、暮らしに密着した「本当に知りたい」天気の話題が発見できます。

データや暦に注目する

気温や降水量などは単なる数値として伝えるだけではもったいないです。平年値などのデータを調べることで、どんな意味を持つのかが浮かび上がります。また、二十四節気や七十二候など古くから伝わる暦のほか、天文ショーや「空の日」などの記念日と組み合わせて天気を伝えることもあります。皆既月食や流星群など天文の話題は天気と関わりが強いですが、気象予報士試験では問われないため、自分で学んで、ある程度の知識は持っておくようにするといいですね。地域のお祭りや伝統行事、スポーツイベントの行われる日は当日の天気に注目が集まるので、上手く取り入れて解説するようにしています。

地域のことを積極的に学ぶ

地方局を担当する時は、地元の人や気象台の人、放送局のスタッフなどから積極的に地元ならではの天気の話を教えてもらいます。まずは、地元の気象台へ挨拶に行くことが第一歩です。

お出かけ先では1つ以上天気のネタをお土産に

旅行に出かける時は事前のリサーチを徹底的にしています。おいしいごはんのお店や観光スポットを探す中で、何か天気とつながるネタは隠れていないか調べてみます。

・広島県廿日市市「海にたたずむ厳島神社　自然とともに生きる工夫を学ぶ」

砂浜に建立された厳島神社。なぜこれほど海に近くても腐敗しないのだろうと不思議に思っていたら、台風接近時などに高潮の被害から本殿を守るための工夫があちらこちらに。床板にあえて隙間を作り、海水を流せるしくみには驚きました。

・石川県加賀市「中谷宇吉郎 雪の科学館で氷のペンダント作り」

講演会の仕事で訪れた石川県では、「雪は天から送られた手紙である」という言葉を残した雪の研究者・中谷宇吉郎博士の科学館を発見。ダイヤモンドダストを再現する実験の見学や氷のペンダント作りを体験できました。

・京都府京都市「人生のモットーにしたいお天気名言と出会う」

鎌倉時代に大雨から人々を救ったことから「雨止み地蔵」と親しまれてきた仲源寺。山門の額にある「雨奇晴好」は「降るもよし、晴るるもよし」という意味だとか。空だけでなく、人生にも激しい風雨のような局面が訪れることはありますが、めげずに立ち向かおうと背中を押されました。

・シンガポール「熱帯の国で高層ビルが立ち並ぶワケに納得」

熱帯の国ほど台風の被害を受けやすいのかと思いきや、赤道に近くコリオリ力がほとんど働かないシンガポール付近では、台風の発生数がきわめて少ないのです。狭い国土にガラス張りの高層ビルが集中して立っていても問題ないのはこのためかもと納得しました。

日本各地の天気を知るためにも、ぜひ旅行にはどんどん出かけてほしいです。その土地ならでの地形が織りなす自然や風習を知ることは、天気予報にも活きるはずです。

アンテナはただ張るだけではダメ

とっておきのお天気ネタを作るためには、ただ「面白いネタを見つけるぞ」とアンテナを張るだけでは良い情報をキャッチすることはできません。せっかくの素材に気付くためには、普

お天気ネタを探しながら楽しむ旅はライフワークの一つ。天気の知識があると、旅の時間はもっと充実することを発信し続けたい。

段から天気に関するあらゆる知識を自分の中に仕込んでおく必要があります。天気に関わる本を読むのはもちろんのこと、天気以外の話題にも興味を持って教養を深めておくのがおすすめです。

問いを繰り返して新たな話題を見つける

「どうして最近、寒さが続いているの?」と聞かれた時、一言で分かりやすく伝えるなら「寒気が流れ込んでいるため」と答えるだけでも十分なのですが、気象の専門家としてはもう少し深い分析をしておきたいです。では、なぜ寒気の流れ込みが強いのだろうか? その理由は上空の偏西風の流れにあるかもしれない。では、なぜ偏西風の流れに変化が起きているのか? 日本だけでなく世界の天気に異変があるのかもしれない。このように問いを繰り返すことで、日本の寒さの話題から世界の天気との関係をテーマに話を展開できるかもしれません。それに、一つの話題を深く掘り下げて新たな知識を身につけておくと、すぐに活用できなくても、いつか役に立つ時が来るものです。

イベントは中止に　記憶に残る台風解説

地方局では気象キャスターが一人しかいないことが多いため、自分一人で予報をしなければならず、やりがいはあるものの大変な場面もあります。たとえ新人であっても、気象の専門家として自分自身で的確な情報を伝えないといけません。

静岡時代に最も印象に残っているのは、２０１９年の台風19号です。後に「令和元年東日本台風」と命名されたこの台風は、10月12日に静岡県の伊豆半島に上陸し、東日本や東北の広い範囲に記録的な大雨をもたらしました。台風19号は一時、台風の勢力として最も上の「猛烈な勢力」まで発達し、早い段階から危険を及ぼすおそれがあると分かっていただけに、いつ、どんな情報を出すべきかとても悩みました。進路がまだ十分に定まっていない段階で台風に伴う雨雲の予想を放送で流すことはためらわれました。雨雲の動きの予想を伝えるアニメーション動画は分かりやすいですが、その時点で台風の進路に当たらない地域では油断に繋がってしまうかもしれないからです。台風の解説をする時は命に関わる危険がある情報だからこそ、伝え方や伝えるタイミングに関してとても慎重になります。この時は、台風の進路予想には幅があることを伝えた上で、備蓄品の見直しや停電に備えて懐中電灯やモバイルバッテリーなどの準備、避難経路の確認などを他人事だとは思わずにしてほしいとお伝えました。

台風や大雨などによって大きな被害が出そうな時に、気象庁や地元気象台が記者会見を開いて、厳重な警戒を呼び掛ける姿を見たことがある人は多いと思います。台風19号に関しても記者会見が行われ、その中で、今回の台風は１９５８年の「狩野川台風」並みの大雨のおそれがあり、当時はなかった「特別警報」が発表される可能性もあると言及されました。狩野川台風は、静岡で長年暮らしてきた人達にとっては印象に強く残っている台風です。狩野川の特徴や当時の被害について伝え、この台風を経験した人は思い出してほしいとの想いを込めて解説しました。

台風19号が接近した10月12日、静岡県内は朝から雨や風の勢いが凄まじく、大荒れの天気でした。実はこの日はテレビ静岡の一大イベント、「テレしずまつり」が予定されていたのですが中止となり、台風についての特別報道をすることになりました。こうした時こそ伝えるべき内容について会社の先輩に連絡を取って相談をしたいですが、刻一刻と状況が変わるため、そんな時間はありませんでした。台風が近づくにつれて状況は悪化し、静岡県内で初めて大雨の特別警報が発表されたのです。私にとっても特別警報の発表を伝えるのは初めての経験でした。

台風の通過後、しばらくしてから何か少しでも力になれればと土砂災害や浸水の被害が大きかった被災地で片付けのボランティアに参加させていただきました。台風の通過後も雨が降っていたため、泥は非常に重くて、シャベルで土砂をかき出す作業は大変な重労働でした。私はほんの数時間、お手伝いしただけで

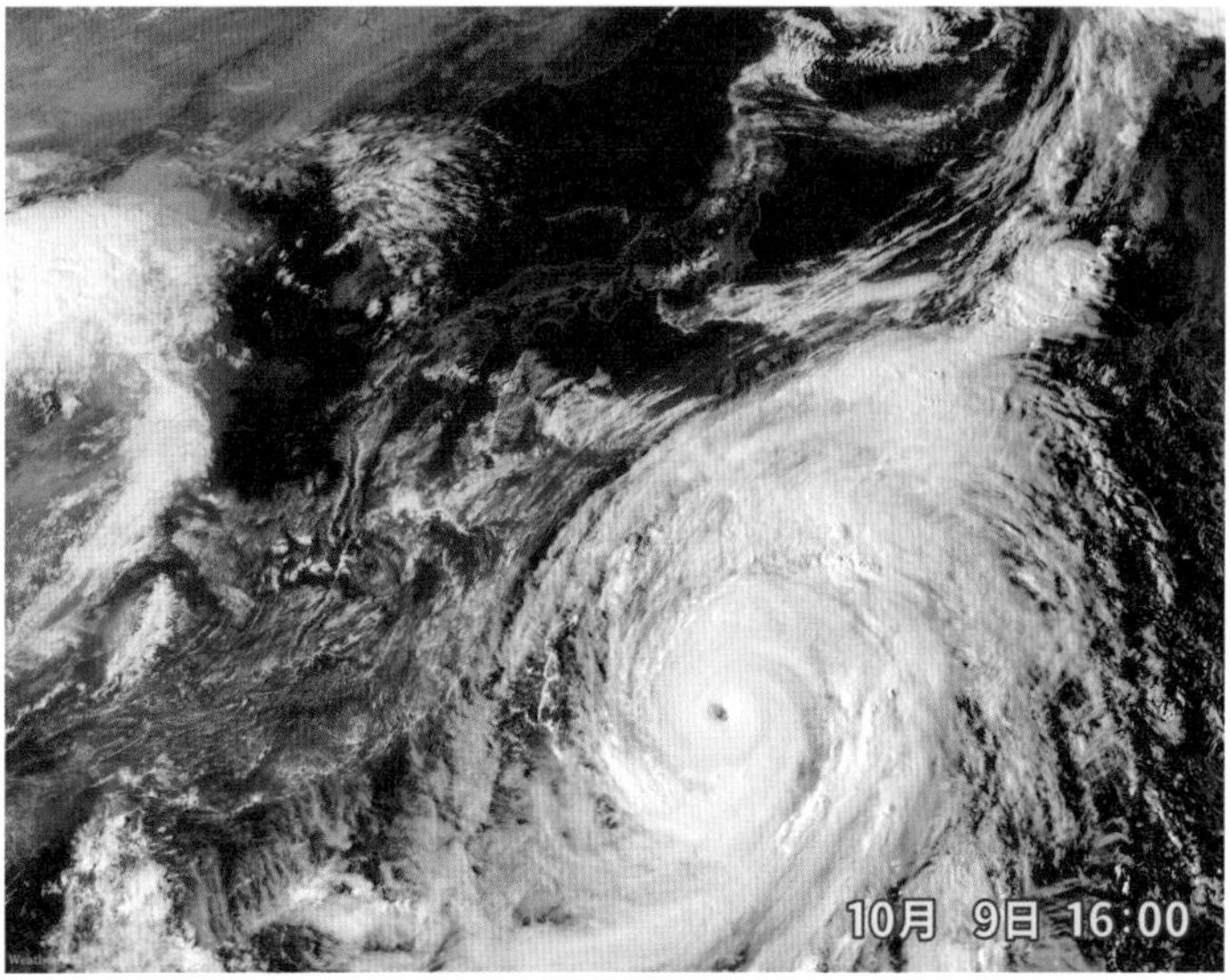

令和元年東日本台風の雲の様子。東日本を中心に記録的な大雨をもたらした。（出典：ウェザーマップ）

もヘトヘトに疲れてしまいましたが、被災した方はこれが何日も続きます。言葉にならない気持ちでいっぱいでした。

道路沿いにはいたるところに、泥にまみれた家具や食器などの生活用品、子どものおもちゃなどが高く積み上げられていました。中には大切な思い出の詰まった物もあったと思います。衛生問題のため捨てざるを得ない物は「災害ゴミ」としてひとくくりに扱われてしまいますが、そこには確かに一人一人の日常があったのだということを実感しました。気象予報士として災害報道に携わることは私の目標の一つでもありました。刻々と変化する気象情報を伝えるには、大変な集中力が求められます。次から次へと入ってくる情報の中から、いま最も伝えるべき情報は何なのか短い時間で的確に判断しなければいけません。自分にできる最善の伝え方ができたかどうか振り返りましたが、答えは簡単には出ません。ですが、改めてこれからも一日一日の天気に真摯に向き合い、気象災害で一人の犠牲者も出さないことに貢献できる気象予報士でありたいと強く感じました。

生放送よりも緊張する?!　講演会のお仕事

生放送でお伝えする天気予報よりも緊張するのが、講演会の仕事です。およそ1時間、普段の放送ではたった数分しか話をしない私が一人で1時間もトークをするなんて大丈夫だろうか。途中で話すことを全部忘れてしまったらどうしよう。声が枯れてしまうかもしれない。何より自分よりもずっと年上の参加者もいる中で、私のような若輩者が有益な話をできるだろうか。初めての講演会の前は不安でいっぱいでした。

ですが、迎えた当日は、一生懸命話を聴いてくださる人がたくさんいてほっとしました。メモを取りながら熱心に耳を傾けてくれる人、うんうんと頷いたり、なるほどといった表情をしてくれる人、ちょっと眠そうな人もいましたが…（笑）。放送では知ることのできない生のリアクションを見られるのは、講演会ならではの醍醐味です。

私は講演会では、普段の放送では中々お伝えできていない気象情報の活用の仕方についてお話しています。「最近の気象情報って本当に難しい。数が多すぎる」、そんな風に感じたことはないでしょうか？　毎年のように起きる大きな災害から命を守るために、新たな情報が整備されています。ですが、せっかくの情報も上手く活かせないと意味がありません。短い生放送の天気予報の中では、情報の意味や活用の仕方について毎回詳しくお話できないのが現状です。なので、講演会では、気象庁などから発表された情報をどう理解して、役に立てればいいのかお伝えするようにしています。ほかにも、生放送でのこぼれ話など、カメラの前では話せない秘密のお話がちょこっと飛び出してしまうこともあります（本当にちょこっとだけです

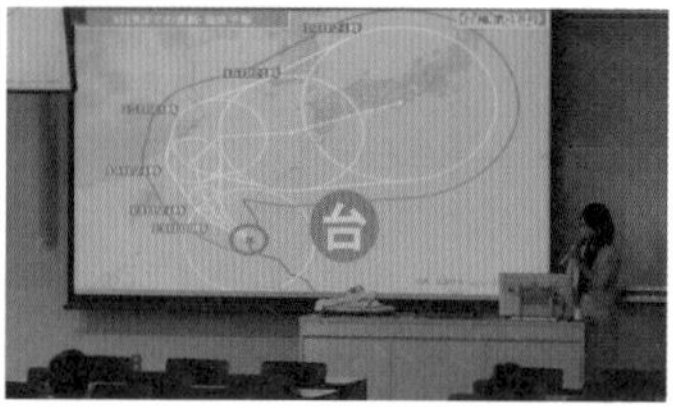

防災や地球温暖化、気候変動など気象に関する話題をじっくり丁寧に伝えられる講演会は視聴者の方と直接目を合わせながらお話できる貴重な機会。

けどね……！）。気になった方はぜひ講演会にあそびに来てくださいね。

緊張感のある講演会ですが、お話を聴いてくださった方から「いつも天気予報を見ています」「勉強になりました」と言っていただけるのは何よりも嬉しいことです。農業や建設業に携わる方から講演の依頼をいただくことも多く、実際にどのように天気予報を活用しているのか、どんなところに着目しているのかを知る機会でもあり、私自身も勉強になっています。

コロナ禍で変わった天気予報の伝え方

2020年の春。私は、お世話になったテレビ静岡を離れて、気象キャスターとしての活動の拠点を東京へと移しました。静岡での経験を活かして、今度は首都圏や全国の方に向けて天気予報をしっかり伝えようと決意していたところでした。そこへ日本を、世界を襲ったのが新型コロナウイルスでした。

コロナによって天気予報の伝え方も変わりました。感染が拡大し始めた頃は不要不急の外出を制限されたため、出かけることをうながすような表現は適切ではないと判断しました。普段の週末の天気予報では、おだやかな晴れの天気を「おでかけ日和」や「行楽日和」と表現することがありますが、そうした言葉は使わないように心掛けました。コロナの流行が始まったばかりの年はお花見や紅葉狩りの混雑を助長しないように、サクラや紅葉の見ごろ予想もいつもの年よりは控えめな放送をした番組が多かったように思います。夏には、炎天下の中であっても密になる環境ではマスクの着用を求められたため、「経験したことのない夏」として「マスク熱中症」に注意するための呼び掛けも行いました。

外に出ず家の中にいる人が多いのであれば、天気予報を見なくても過ごせる。自宅にいることを求められている中、天気予報の存在する意味を考えることもありました。それでも気象予報士として、少しでも何か日々の暮らしに役立つことを伝えたいと思い、SNSなども利用して空気の入れ替えができる換気におすすめの時間を伝えたり、心が安らぐ空の風景を紹介したりしていました。

新型コロナウイルスは幾度も変異を繰り返しながら、私たちの予想を上回る勢いで拡大しました。そして、そんな中でも気象災害は待ったなしに発生します。感染症の流行は私にはどうにもできませんが、気象災害は多くが事前に予想することができ、適切な対策を取れば命を守ることができます。このコロナ禍の間に、私は気象予報士として、災害から命を守るために情報を伝えることが使命だと改めて原点に立ち返りました。

気象予報士の必須道具

気象予報士が必ず持っているものといえば、テレビの解説でよく使われる「指し棒」を思いつく人が多いと思います。ですが、私の場合は、指し棒はテレビ局の備品なので自分の持ち物ではありません。先輩の中には、かわいいてるてる坊主が先に付いたオリジナルの指し棒を持っている人もいますよ。私もテレビで使ったことはないですが（そして、今後もきっと機会はないと思いますが）、関西人らしく、たこ焼きが付いた指し棒を持っています（笑）。

気象予報士や気象キャスターになりたい人が持っておくと役に立つ、おすすめのアイテムは「カメラ」、「ストップウォッチ」、「地図帳」です。まず、カメラは一眼レフなどの本格的なものでなくても構いません。最近はスマホのカメラも高性能なのでこれで十分です。私たちの真上に広がる空は天気予報コーナーのネタの宝庫です。めずらしい空の風景や不思議な形をした雲が見られたらシャッターチャンス。なぜこんな風景が見られたのか気象予報士の視点で分析し、放送で伝えられたら、魅力的な天気予報コーナーになると思います。

次に、ストップウォッチが必要な理由は、気象キャスターは番組の陰のタイムキーパーでもあるからです。気象キャスターの一日の流れの中でもお話しましたが、天気予報のコーナーは番組の最後に配置されていることが多いです。生放送中に突発的に新しいニュースが入った時には天気予報の時間が短くなることもあります。反対に、予想外に時間が長くなることもあります。たったの数十秒なら何となくやり過ごせるのではないかと思われるかもしれませんが、これが意外と長いも

どれも天気予報に欠かせないアイテム。特にストップウォッチは毎日大活躍。

のなんです。一人で何もせず、ぼーっとしている1分はあっと言う間に過ぎてしまいますが、テレビの画面の中では放送事故になってしまいます。急な持ち時間の変更にも臨機応変に対応できるように、ストップウォッチを使って話す内容の調整を細かくシミュレーションしておくのです。

3つ目のアイテム、学生時代に使った地図帳がまだ手元にあるという人は、持っておくと気象の仕事をする上できっと役立ちます。なぜなら気象は地形によって大きく左右されるためです。雨雲が急激に発達する時は風の流れと地形が関係していることがよくあります。特に自分が住んだことのない地域の地形は、地図をよく見て勉強しておくのがおすすめです。

最後に、私の個人的な必須アイテムは、「のど飴」です。実は私、のどをとても痛めやすくて、風邪を引いたわけでもないのに放送中に突然声が出なくなってしまったことがあるのです。その時は共演者のみなさんにフォローしていただき、数十秒後、何とか話せるようになりました。これこそ、本当に数十秒が一生のように長く感じられた出来事でした。その時のことが頭からずっと離れず、のどのケアにはとても気を遣っています。お気に入りののど飴は私の精神安定剤のような役割になっているので、販売停止にならないことを祈るばかりです。

ＳＮＳを活用した天気予報の伝え方

私も含め、気象キャスターの多くがＳＮＳを利用して天気予報の発信をしています。たとえば、平日の帯番組を担当している気象キャスターは、金曜日の放送で土日から週明けの天気予報をまとめて伝えることが多いです。ですが、天気予報は生ものです。週末の間に予報が大きく変わってしまう場合もしばしばあります。特に台風などによって大雨になりそうな時は、具体的にいつ、どこで気を付けないといけないのか、できるだけ詳しくお伝えしたいですが、なかなか数日先のことを明確に話せないこともあります。そんな時は放送で、予想に幅があることを伝えますが、予想が定まってきたタイミングに合わせてＳＮＳで発信します。もちろんテレビでの放送を見てくれた人全員がＳＮＳまで見てくれているわけではないのですが、ＳＮＳで情報を確認してくれた人が拡散してくれたり、周りの人に伝えてくれたりすることで、大事な情報が必要な人達へ届く可能性が高まるのではないかと思います。

また、個人でアカウントを作れるSNSは、気象キャスター自身の個性を活かした発信の場でもあります。私はSNSでは写真1枚で目を引いてもらえるような投稿をしたり、旬の食材や災害時にも役立つ料理を紹介したりするなど、テレビとは一味違った一面を見せられるように心掛けています。気象キャスター自身に関心を持ってもらうことで、天気予報にも注目してもらえると嬉しいです。

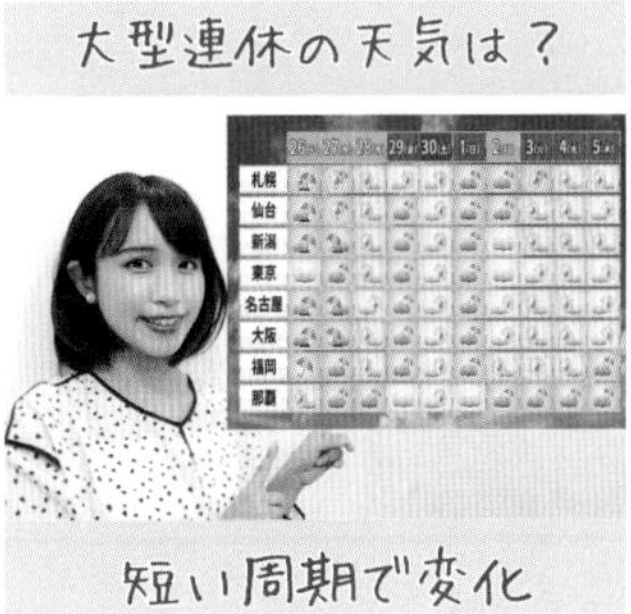

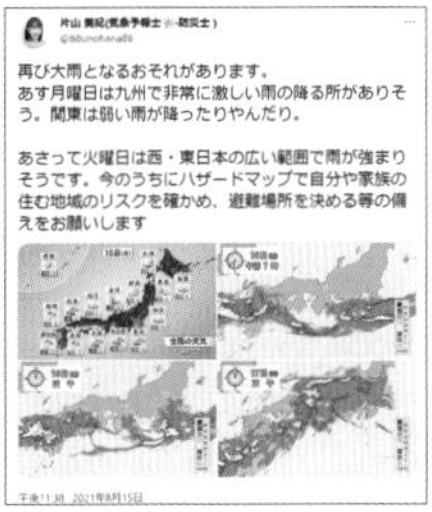

一人でも多くの人に最新の情報を届けるために必須のSNS。特技や趣味などを発信すれば、新たな仕事につながるきっかけにも。

気象予報士になってからがスタート　常に勉強は必要

気象予報士試験に合格したばかりの新人とベテランの気象予報士とでは、車の免許を取りたてのドライバーとカーレーサーくらい違うとよくたとえられます。つまり、**気象予報士試験に合格してからがスタートで、その後も勉強を続けていくことで本当に実力のある気象予報士になれるの**だということです。私は気象予報士の仕事を始めて7年目になりましたが、まだまだ勉強が足りず実力不足を思い知らされます。私の所属しているウェザーマップでは毎週、ベテランの気象予報士が勉強会を開いてくれますが、実力をつけるために何より大事なのは日々の振り返りをきちんと行うことなのではないかと思います。天気予報の仕事は未来のことを考える作業が中心ですが、特に予報が外れた時は、なぜそうなったのか、原因を分析することがとても大事です。気象は複数の要素が組み合わさって起こることが多いので、答えは一つではないこともあり、分析する気象予報士によっても答えが違う可能性もあります。ですが、疑問を持たずに日々を過ごしてしまうだけでは、いま以上の力は身につかないと思います。日々の振り返りの中で自分をアップデートしつつ、未来の空を想像し続けたいと思います。

天気予報も「何を言うか」より「誰が言うか」の時代に

２０２１年5月から10月にかけて放送されたＮＨＫの朝の連続テレビ小説「おかえりモネ」の主人公・永浦百音（通称モネ）は気象予報士でした。ある日、森の中で豪雨に見舞われたことをきっかけに、モネは災害から人の命を守る気象予報士の資格に興味を持ち勉強を始めます。試験に合格後は上京してテレビ局の気象リポーターやスポーツ気象といった分野の仕事に挑戦し、気象予報士という仕事を通じて、故郷の役に立ちたいと成長していくストーリーです。「おかえりモネ」の気象考証を担当したのは、私の先輩であるＮＨＫ「ニュースウォッチ9」の気象キャスターを務める斉田季実治予報士でした。モネの働くテレビ局の現場はＮＨＫの災害・気象センターをモデルにしていることもあり、毎日興味津々で観ていました。

私が最も印象に残ったシーンは、モネの同僚である気象キャスターの神野マリアンナ莉子予報士が、自分よりも男性気象キャスターの内田衛予報士の方が視聴者から文持されるのはなぜか、と思い悩む場面でした。家族や友人が災害を経験し、命の重みを誰よりも理解しているであろうモネや、昔から気象が大好きであふれんばかりの熱い思いが画面から伝わる内田予報士。どちらでもない莉子の姿と自分が重なりました。私は自分自身も家族も大きな災害で被害を受けたことはなく、気象に関心を持ったのも、幼い頃から空が好きだった人と比べるとつい最近のことです。ふと振り返ると、私が気象情報を伝える必然性のようなものはないような気がしました。同じ気象予報士でも、伝え手によって説得力のある人とそうではない人がいる。同じことばを話していても、そのことばが心に響く人とあまり伝わらない人がいる。精度が高くて当たる予想を出すことはもちろん大事ですが、行動につなげてもらえる伝え方をしないと意味がありません。特にいまは「何を言うか」よりも「誰が言うか」に重きが置かれている時代です。気象キャスターだけでなく、何かを伝える人達にとって避けられないテーマなのではないかと思います。

信頼される気象キャスターになるために
あすの空を「見える化」した天気予報を

信頼される気象キャスターになるために日々心掛けていることは、見てくれている人達の気持ちを想像し、あすの空を丁寧に「見える化」して伝えることです。きょう、多くの人が一番知りたいことはこの先の雨についてだろうか、それとも暑さのピークについてだろうか。その気持ちに対して、私が気象予報士として応えられることは何だろうかと考えます。

最近はテレビよりもインターネットやスマホのお天気アプリで天気予報を見る人も多いと思います。技術の発展によって、すでに簡単な天気予報の原稿なら、ＡＩが書けるようになっています。ＡＩの登場によって、より高い精度の予報ができるなど期待できる点は多くありますが、私は気象予報士だからこそ言える情報を伝えることを大事にしています。たとえば、週間予報で毎日、雨マークが並んでいたとしても、天気図を詳しく解析すれば、特に雨が強まる日もあれば、晴れ間が出そうな日もある、ということが分かります。そうした天気のマークや数字だけでは分からないことを、どれだけ丁寧に伝えられるかが大切なのだと思います。

そして、自分の伝える言葉を頼りにしてもらうためには、毎日同じような表現をしていては耳を傾けてもらえませんし、気象庁や気象会社が出す予報をそのまま伝えるだけでは意味がありません。雨が強くなるたびに、災害に警戒をしてくださいと言っていてはオオカミ少年のようになってしまいます。大切なのはその地域にとって、どれくらい危険な雨の降り方になるか、データをもとに適切な情報を伝えることです。同じ晴れの天気でも、洗濯物を干しっぱなしにしていても問題ないくらい安定した晴れなのか、雲の隙間から広がる晴れ間なのかで、情報を受け取った人の行動は変わるかもしれません。もし雲が出るなら、その雲は雨を降らせるものなのかどうか、気象予報士なら言うことができます。

あすの空をより解像度高く「見える化」して伝えることを積み重ね、「日々役に立つ天気予報だ」と実感してもらうことが視聴者の方と信頼関係を築くことに繋がると考えています。そして、いざ災害が差し迫った時にも「この人が言うなら本当に危ないのではないか。避難をしよう。」と思ってもらえる存在になれるように情報を発信していきたいです。

また、天気は自然現象なので時には予想が外れてしまうこともあります。毎回は難しいと思いますが、そんな時はなぜそうなったのか解説することも、「気象の専門家」として情報を伝える人の役目だと考えています。

気象予報士試験対策講座の講師になった理由

気象予報士試験にギリギリ合格した私ですが、いま、ウェザーマップが運営する気象予報士試験対策講座「クリア」で講師をしています。気象予報士試験の合格を目指す人に向けて、私が勉強を教えているなんて、受験生だった頃の私が見たら驚くことでしょう。自分が理解していることでも、人に分かりやすく理論立てて説明するというのは思っていた以上に難しいものです。質問を受けることで新たな発見をすることもあります。

まだまだ講師としてひよっこですが、私自身が気象学を学んだことがない受験生だったので、初心者の人が置いてけぼりになることがないように丁寧な説明を心掛けています。生徒から「説明が分かりやすかった！」「試験で力を発揮できました！」

という報告を聞けた時は自分のことのようにとても嬉しいです。私は気象予報士の資格を取得して、人生が大きく変化しました。気象予報士という資格が、誰かの人生の新たな扉を開くきっかけになればいいなと思います。

これからの時代の気象キャスターとは　私が考える未来予想図

昭和の時代にテレビの天気予報が始まってから、平成、令和とマスメディアのあり方は時代とともに大きく変わってきました。これに伴って、気象キャスターもテレビでの解説だけでなく、以前とは違った活躍をする人が目立ちつつあります。気象予報士は向上心が高く、常に新たな目標を定めて学びを続けている人が多いです。普段の気象業務と並行して、大学院や専門学校に通う人もいれば、気象の知識を活かしながら他の分野の仕事もして活躍の場を広げている人、出産などのライフイベントを経験して、新しい視点で気象と関わる人もいます。

社会全体で一つの職業や会社にこだわらない働き方が広がってきているため、これからの時代の気象キャスターは、テレビやラジオなどのマスメディアで出演することにとどまらず、複数の顔を持つ人が増えるのではないかと予想しています。また、気象災害が増加する中で防災や地球環境を守るための活動、ＳＤＧｓへの関心も高まっているため、気象予報士の資格は工夫次第でこれまではあまり関わりのなかった分野でも活かせるのではないかと思います。私自身も、今後はテレビに出演することにとどまらない気象予報士の資格の活かし方をもっと発見して、気象業界の発展に貢献したいと考えています。

最近、私が力を入れて学んでいることは食の分野です。気象とは何も関係なさそうですが、そんなことはありません。近年、深刻になっている地球温暖化によって、お米や野菜、魚介類など様々な食べ物が影響を受けています。また、第1章でお話ししたように、気象のデータを使って商品の仕入れを調整することは、これまた大きな社会問題である食品ロスを解決する手段になります。旬の食材を組み合わせて、体調を整える薬膳の知識ももっと深めようと、改めて勉強もしています。誰にとっても身近な天気と食という2つの分野を組み合わせて発信できることはないか模索中です。これからの時代は、気象予報士が料理教室を開いたっていいと思いますし、映画を撮ったり、洋服をデザインしたりしてもいいのではないでしょうか。ウェザーマップには全国各地でご当地の魅力を知り尽くしている気象キャスターがたくさんいるので、各地域の旅行プランを提案するのもいいなぁなんて思います。

そして、天気予報という枠組みとはまた違った面から気象に関心を持ってもらい、いざ災害が起こりそうな時に気象予報士のことばに耳を傾けてくれる人が増えれば本望です。気象は世の中のあらゆる出来事と関わりを持っており、気象予報士の資格は更新などがなく一生物です。みなさんの活かし方次第で、活躍の幅は無限に広がるはずです。これまでの常識にとらわれずに、もっと色々な分野で気象キャスターが活躍する未来を見てみたいです。

夏のおいしい天気予報「猛暑を乗り切る薬膳レシピ」

夏はとにかく食欲が落ちる。そんな人におすすめしたいのが「薬膳」の考え方を取り入れた、夏野菜たっぷりのそうめんレシピです。薬膳と聞くと、「漢方薬が入って苦そう…」「病気の人が食べる、薬っぽい料理?」なんて思い浮かべる人もいるかもしれませんが、そうではありません。薬膳とは、「中国から伝わった東洋医学の考え方に基づき、季節や食べる人の体調に合わせて、食材を組み合わせた料理」のことです。なかなか手に入らない特別な生薬や食材を使う必要は全くありません。身近な食材の持つ、一つ一つの役割や効能を知り、季節や自分の体調に合わせて取り入れることがポイントです。夏は身体に熱がこもってしまいがちなので、余分な熱を取り除く役割を持つトマトやキュウリなどの夏野菜のほか、冷房や冷たい飲み物の取り過ぎで弱りがちな胃腸の働きをよくするオクラやしそ、梅干しといった食材を摂るのがおすすめです。そうめんのような消化のよい麺類と一緒に、つるっといただきましょう。食べ物には、薬と同じように身体の不調を改善する役割があり、本来同じものであるという「薬食同源」の考え方が薬膳の基本です。ぜひ、薬膳を暮らしに取り入れて、毎日健康に過ごしましょう。

第3章

四季の天気のしくみ

天気図の基本の見方をおさえよう

本章では春夏秋冬の天気図の特徴やそれぞれの季節の話題を紹介します。一見いつも同じような模様に見える天気図ですが、365日全く同じ日はありません。天気図の見方を知れば、天気予報をもっと楽しんで見られること間違いなしです。

天気図の主な登場人物といえば、「高気圧」と「低気圧」です。何hPaまで下がれば低気圧といった基準はなく、周りと比べて相対的に気圧の高い場所を「高気圧」、低い場所を「低気圧」と呼びます。高気圧のもとでは下降気流が強まって晴れやすく、低気圧の近くでは上昇気流が発生して雲ができるため、雨が降りやすくなります。

このほか、梅雨前線などの「前線」も天気図上でよく見られますよね。「前線」とは、ひとことで言うと、暖気と寒気など違う性質を持った空気の境目です。暖気と寒気がぶつかり合うと、空気は上空へ向かっていき、雲ができやすくなります。このため、前線の近くは曇りや雨になることが多いと考えていいでしょう。前線は大きく分けて4種類あります。「温暖前線」は暖気が寒気の上をはい上がるようにして発生し、比較的弱い雨を広い範囲に降らせます。「寒冷前線」は寒気が暖気の下にもぐり込むことで生じます。寒気は勢いよく暖気を押し上げるので、背の高い積乱雲が発達しや

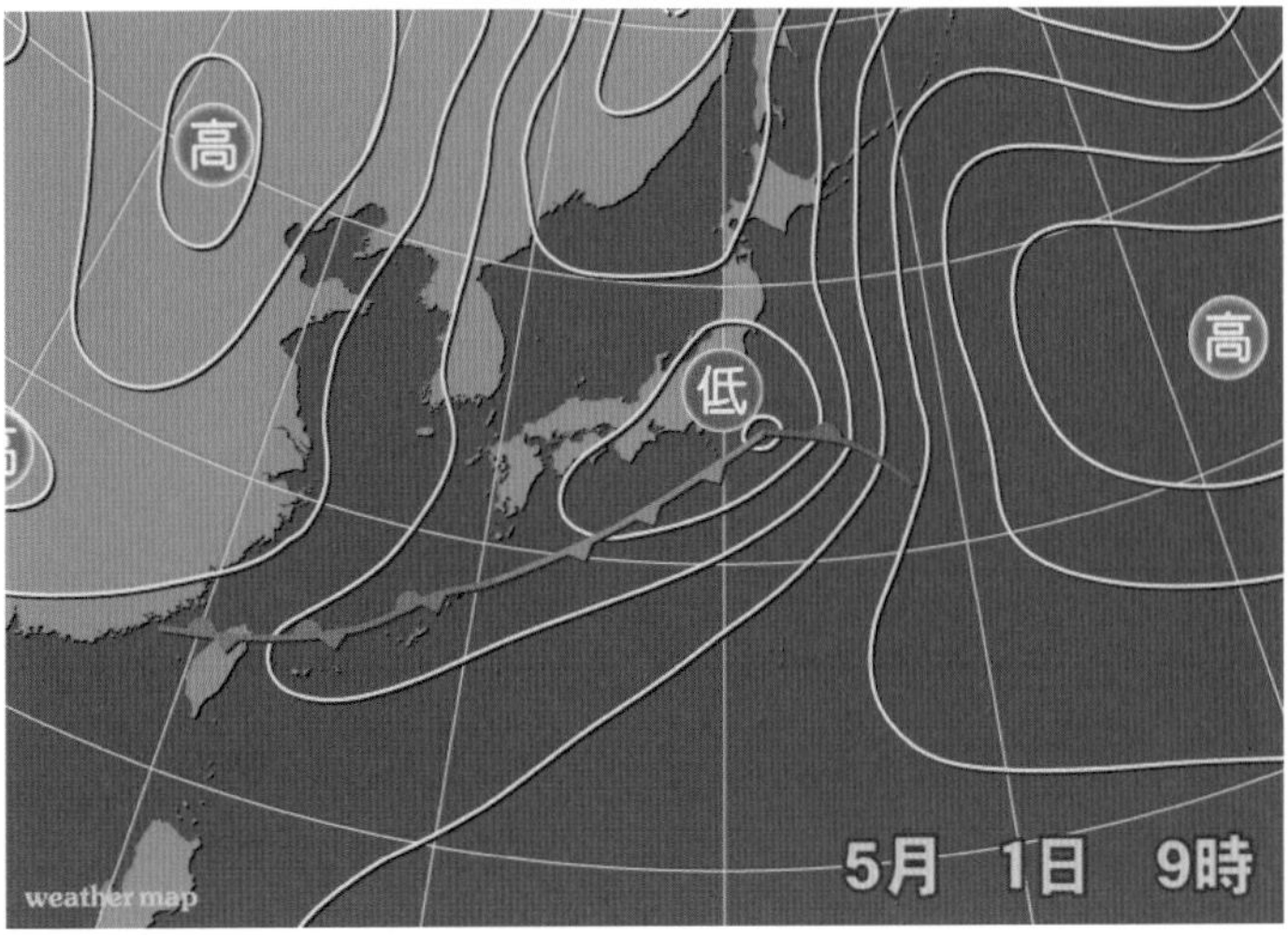

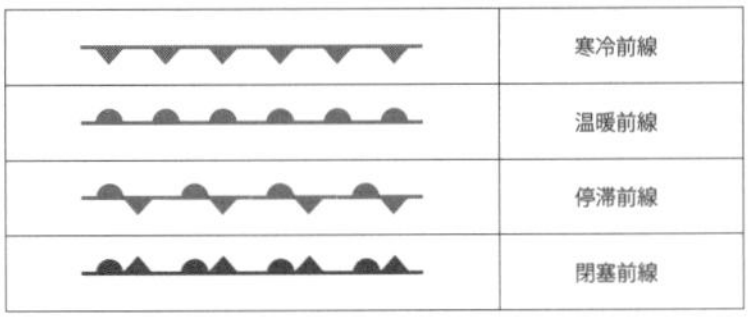

図3-1　地上天気図と前線の種類
地上付近の気圧配置を表した天気図を見れば、大まかに天気の傾向をつかめる。前線は種類によって、記号が使い分けられている。（出典：ウェザーマップ）

すくなります。このため、寒冷前線は強い雨や雷、突風など激しい現象を引き起こすことがあります。「停滞前線」は違う種類の空気の勢力がほぼ同じ時にできます。梅雨前線も停滞前線の一種で、同じような場所にとどまり、数日にわたって雨を降らせます。「閉塞前線」は動きの速い寒冷前線が温暖前線に追いついた時にできます。地表付近は寒気が全体を覆うようになり、これに伴う低気圧は発達のピークを迎えます。

このように、前線ごとの〝個性〟を知っておくと、今後の天気を読みやすくなります。同じ気圧のところを結んだ線は「等圧線」です。等圧線の間隔が狭いところは気圧の差が大きく、空気の流れが速くなるため風が強まります。よく気象キャスターが「等圧線の間隔が狭く、風が強く吹くでしょう」と解説するのはこのためです。

空を見上げて「十種雲形」をマスターしよう

「天気を予想する時は机の上で天気図を見るだけでなく、空を見上げるようにしましょう。」私が新人時代に口酸っぱく先輩方から言われたことです。特に、雲はその時の大気の状態をよく表しているため、いつも観察するようにしています。

そもそも天気とは、雨や雪が降っていなければ、空全体に占める雲の割合で決まります。空を見渡して雲の占める割合が1割以下なら「快晴」、2割以上8割以下で「晴れ」、9割以上で「曇り」です。8割も雲があるのに晴れというのは少し不思議かもしれませんが、雲の量を観測する人は、空全体を３６０度ぐるりと見渡しているため、私たちが斜め上の空を見上げる時に比べて雲の量は多く見えます。そのような状態で観測した場合、空の8割が雲を占めていても、そこそこ青空がのぞいて晴れ間も見えるので「晴れ」と定義しているわけです。

また、雲の種類によって、天気を崩すものとそうでないものがあります。雲の種類は大きく分けて10種類あり、この分類の仕方を「十種雲形」と呼んでいます。上空５０００ｍ以上の空高い場所にあるのは「巻雲」や「巻積雲」、「巻層雲」で、小さな氷の粒で作られています。２０００ｍ～７０００ｍ程度の位置にあるのは「高積雲」や「高層雲」、「乱層雲」です。このうち乱層雲は文字通り、天気を乱す雲で雨や雪を降らせることが多いです。地面付近から２０００ｍの低い位置にあるのは「層積雲」、

「層雲」、「積雲」、「積乱雲」です。中でも、見つけたら注意したいのが積乱雲です。垂直にモクモクと発達して、雷雨やひょうをもたらす危険な雲で、雲の下では局地的に大雨となっているかもしれません。近づいてくる前に安全な場所へ避難するようにしましょう。

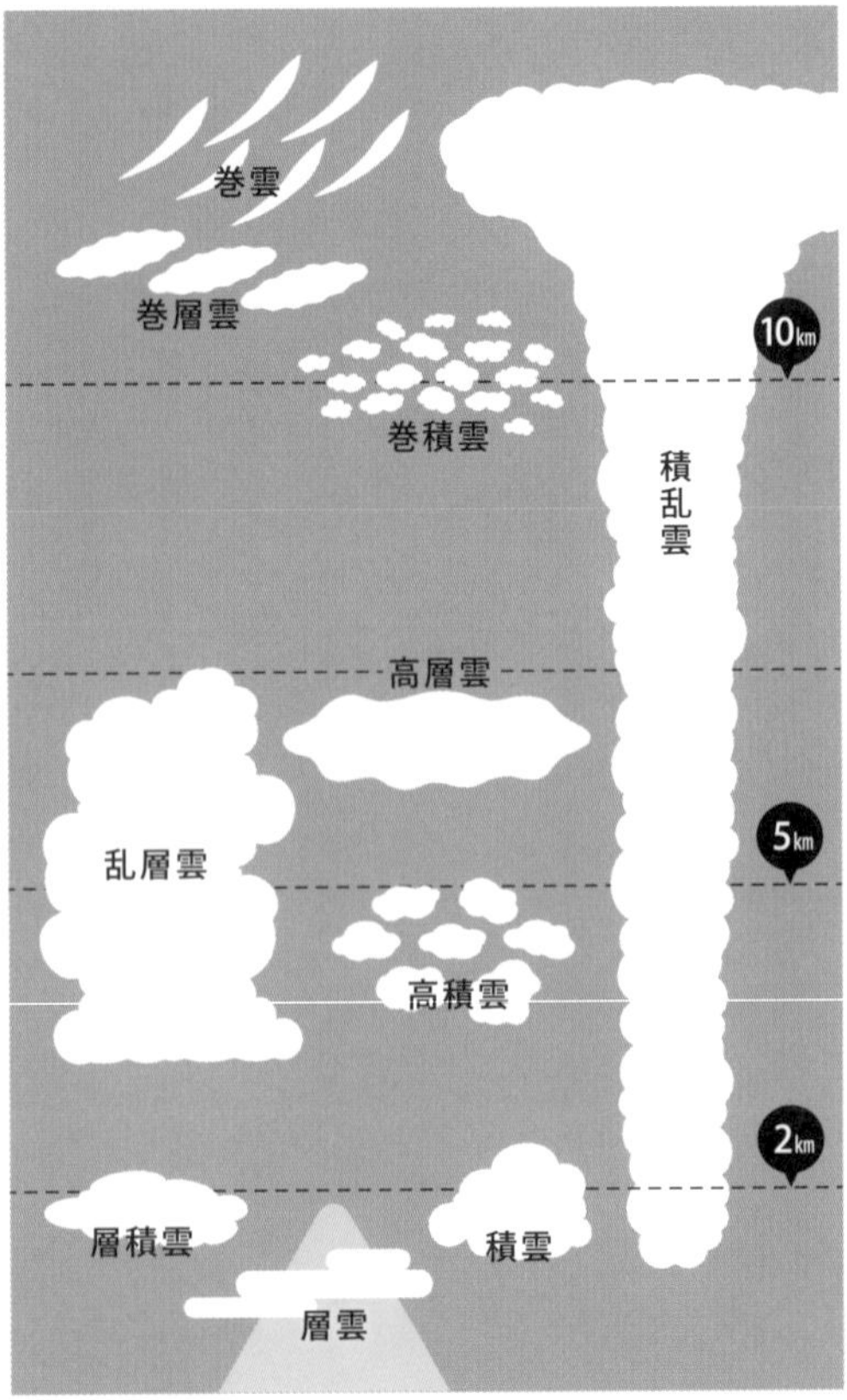

図3-2　十種雲形
「十種雲形」を覚えて空を見上げる散歩に出かけてみよう。ただし、危険を知らせる「積乱雲」が見えたら、すぐに安全な場所へ避難を。（参考：「散歩が楽しくなる 空の手帳」（東京書籍））

春の天気
変わりやすい春の空

「春に3日の晴れなし」というように、春は天気が変わりやすいのが特徴です。その理由は、日本の上空で強く吹く「偏西風」と呼ばれる風に乗って、晴れをもたらす高気圧と雨を降らせる低気圧が、日本付近を短い期間で次から次へと通過するためです。偏西風は西から東へと吹くため、日本の天気は西から順に変わることが多いのです。週間予報で晴れマークと雨マークが2、3日ごとに並ぶようになると春が近づいているサインといえます。

ですが、高気圧がやってきたら必ず晴れるかというとそうではありません。高気圧の通過するコースによって、晴れるエリアは変わります。図3－4Ⓑのように、高気圧の中心がちょうど日本の真ん中を通ると全国的に晴れ、Ⓐのように高気圧の中心が北寄りになると北日本は晴れますが、西日本や東日本は曇りがちになります。高気圧の周辺では時計回りに風が吹いていて、この風に伴って、海から湿った空気が流れ込むと、雲が発生しやすくなるからです。高気圧の通るコースにも注目して天気図を眺

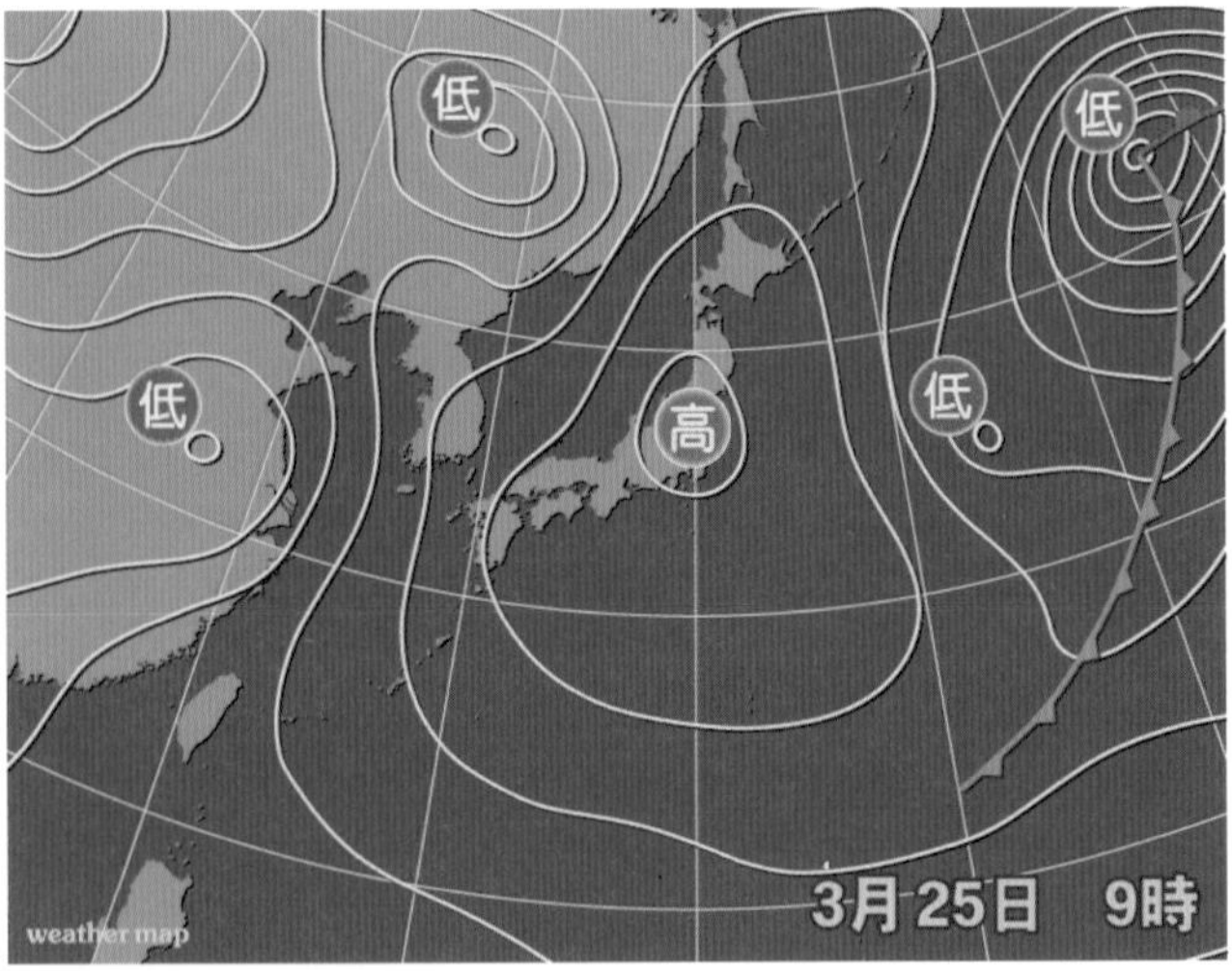

図3-3　春の典型的な天気図
春は高気圧と低気圧が交互に
通過して、天気が変わりやすい。
（出典：ウェザーマップ）

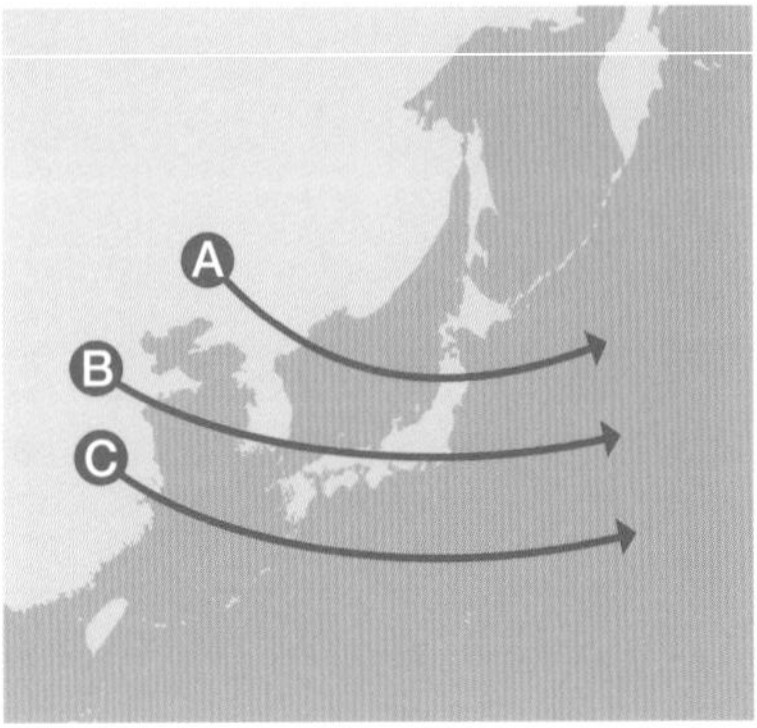

図3-4　高気圧の通過コース
Ⓐ北日本は晴れるが、東・西日本は雲が多くなり雨の降るところも。
Ⓑ全国的に晴れやすい。
Ⓒ西日本や関東は晴れて、暖かくなる。

めてみてください。

日本人の3人に1人が悩む花粉症

梅にうぐいす、ニシン。これらは古くから春を告げるものとして知られてきました。近頃、春の始まりを予感させるものといえば、明るいパステルカラーの洋服に、サクラ風味のお菓子、お部屋探しや塾、予備校のコマーシャルなどがありますが、私にとっていち早く春を知らせてくれるものは花粉です。例年、2月のはじめからスギ花粉が飛び始め、ヒノキ花粉も含めると5月の大型連休の頃まで飛散が続きます。花粉症の人は年々増加傾向にあり、全国的な調査によると日本人のおよそ3人に1人がスギ花粉症だといわれています。私は3月生まれなのですが、毎年誕生日の頃は花粉のピークと重なりやすく、マスクにティッシュ、目薬が手放せません。

さて、天気予報では今シーズンの花粉の飛散量が発表されますが、どのように予測するのでしょうか？　実は、花粉の飛ぶ量を予測するには、前年の夏の天候がカギになります。前年の夏に晴れた日が多く、気温が高かった時は光合成が盛んに行われるため、花粉を出すスギの雄花がたくさん作られ、次の春に飛ぶ花粉の量は多くなりやすいです。逆に、冷夏や長雨だった場合は、花粉の量は少なくなる傾向があります。猛暑の次に迎える春は、花粉症の人は覚悟が必要だと頭の片隅に置いておくといいですね。さらに、このような前年夏の気象条件と、秋にスギ林で調査された雄花の着花量のデータを組み合わせることで、花粉の予測精度が上がるといわれています。

花粉症の人に特に気を付けてもらいたい気象条件は、雨上がりによく晴れて気温が上がり、風が強い時です。また、花粉の飛ぶピークの時間帯はお昼前後と日没後の1日に2回あります。一度目は、気温が上がり午前中にスギ林から飛び出した花粉が都市部にやってくるため、二度目は上空に舞い上がった花粉が、日が暮れてから地上に落ちてくるためだと考えられています。私も花粉症に悩まされているため効果的な対策があれば何でも知りたいですが、マスクやメガネなどで花粉をなるべく身体の中に取り込まないようにすることは、基本的な対策として有効です。普段はコンタクトレンズを使用している人も多いと思いますが、コンタクトレンズによる刺激がアレルギー性結膜炎の症状を悪化させる可能性があるため、花粉の季節はなるべくメガネに変えた方がよさそうです。普通のメガネでも、メガネを使用しない場合に比べて、眼に入る花粉の量は約40パーセント減少し、防御用カバーの付いた花粉症対策用のメガネでは約65パーセントも減少します。

春は気を付けたいことがいっぱい「5つのK」にご用心

花粉のほかにも、春になると大陸から黄砂が飛んできて、空がぼんやりかすむことがありますよね。黄砂は中国大陸で低気圧が発達し、タクラマカン砂漠やゴビ砂漠などの砂が強い風に巻き上げられ、上空の風に流されて飛んでくる現象です。春に観測されることが多いのは、中国大陸ではまだ植物が生えそろわない時期であることに加え、暖かくなって低気圧が発生しやすくなるため、砂が上空に舞い上がりやすいからです。また、黄砂はPM2.5などの大気汚染物質と一緒に運ばれてくることもあります。洗濯物や車などに付着するだけでなく、アレルギー疾患や呼吸器疾患のある場合は悪化させるおそれもあるため、黄砂の飛散が予想される時はなるべく外出を控えた方がよさそうです。

「花粉」、「黄砂」に加えて「強風」、「乾燥」、「寒暖差（気温差）」のアルファベットの頭文字を取って、これらを春に気を付けたい「5K」と呼ぶことがあります。私は「5K」に「変わりやすい天気」、「雷」、「火災」を加えて「8K」として放送で紹介したことがあります。太平洋側の地域が中心になりますが、よく晴れる冬が終わり、暖かい春になると雨が降りやすく、低気圧が発達する時などは雷雨になることも増えます。それに、乾燥と強風が原因で、春は冬と同じく火災が多い季節なのです。

最後に、新生活に心躍る春は浮かれモードになりがちですが、財布のひもが緩み過ぎないように「金欠」

森林の減少や砂漠化なども黄砂の原因に。身体に悪影響を及ぼすおそれがあるため、気象庁のホームページなどで飛散情報の確認を。（出典：環境省）

の「K」にもご用心を。歓送迎会やお花見で食べ過ぎてしまうから「高血圧」にも気を付けたいという番組スタッフもいました。みなさんそれぞれの「K」に注意してくださいね。

時に嵐となる春　「春一番」「メイストーム」

のどかなイメージとは裏腹に、時に嵐となるのが春です。低気圧が急速に発達して、強風や大雨になることもあります。春を代表する強風といえば、「春一番」です。春一番は、春の始まりに吹く強い南寄りの風のことをいいます。地域によって多少基準に違いがありますが、関東地方では、立春から春分の間に、日本海にある低気圧に向かって南寄りで風速8m／s以上の風が吹き、気温が上がった時に、気象庁から「春一番が吹いた」と発表されます。うららかな語感ですが、突風をもたらして事故を引き起こすこともあります。春一番は、もともとは江戸時代に長崎の漁師たちが漁へ出る時に恐れた強い風だったといわれているのです。

春一番は、九州から関東甲信、北陸までの地域のみの発表ですが、北海道では春を告げる便りとして、立春の後、初めて雪を交えずに雨が降る日を「雨一番」と呼ぶそうです。地域によって春の便りも様々です。

春一番が吹く時は気温が上がっても、その後はお約束のように寒さが戻ることが多いです。春の始めは南寄りの暖気を運ぶ風が長続きせず、すぐに北寄りの冷たい風が吹きつけるため、急いで衣替えを進めないように気を付けてくださいね。

「爆弾低気圧」といった、物騒な名が天気予報でよく登場するのも春です。爆弾低気圧とは、中心気圧が24時間で24hPa以上低下する低気圧（北緯60度の場合）のことを指し、日本列島を通過して暴風や高波、激しい雨、落雷、竜巻などの突風、ひょうなどをもたらすおそれがあります。ちなみに、爆弾低気圧は正式な気象用語ではなく、気象庁では「急速に発達する低気圧」ということが多いです。5月に接近する発達した低気圧は「メイストーム」と呼ばれることもあります。この季節は南からの暖気と北からの寒気が日本付近でせめぎ合っています。温度差が大きい空気がぶつかり合う時は低気圧が急激に発達しやすいのです。春の嵐の季節は、新生活や引っ越しなどで移動の多い季節でもあります。強風によって鉄道や飛行機などの交通機関の乱れが起きやすいため、気象情報をこまめに確認することを心掛けましょう。

春こそ見たい！　絶景の富士山

静岡で天気予報を伝えていた私にとって、日本の絶景といえば、やっぱり富士山です。いつ見ても雄大で変わらない姿には強さと美しさが同居していて、富士山を眺めていると毎日忙しなく動く心も次第に落ち着きを取り戻します。静岡にいた頃は飽きることなく何枚も富士山を撮影していました。夏山の勇ましい姿もカッコいいですが、やはり富士山といえば雪化粧が魅力ですよね。中でも、私がこれぞと思う富士山の絶景を見られる季節が春なのです。「雪が魅力というなら冬がベストでは？」と感じる人もいるかと思いますが、富士山の積雪は冬よりも春のほうが多くなりやすいのです。冬によくある西高東低の冬型の気圧配置の時、日本海側では雪が降りやすい一方、富士山のある太平洋側では晴れる日が多く、なかなか雪が降らないのです。春になるにつれて、冬型の気圧配置は続かなくなり、太平洋側を低気圧が通過して雨の日が増えます。平地は雨でも富士山では気温が低く雪になるため、春に積雪のピークを迎えるのです。雪化粧の範囲を正確に測ることはできませんが、一年の中で一番白い面積が大きい富士山を見られるチャンスは4月～5月頃といえます。とはいえ、春になる

冬の富士山と春の富士山

上：2019年1月撮影。真冬は晴れる日が多く、雪が少ない。

下：2019年4月撮影。春は数日ごとに天気が崩れ、富士山では雪が多くなる。

と雲の広がる日も増えるため、その姿が見えづらくなるのもまた事実。よく晴れた春の日に、たっぷり雪をかぶり厚化粧した富士山の姿が見えたらラッキーです。東海道新幹線に乗った時はぜひ窓側の席をゲットしてください。三島駅から新富士駅間は周りに高い建物がないので、絶好のシャッターチャンスです。

サクラの開花には冬の寒さが欠かせない?!

春のお天気コーナーで外せないのがサクラの開花予想です。暖かくなるのが早ければ開花も早まるのかと思いきや、そうではありません。サクラが開花するために必要不可欠な

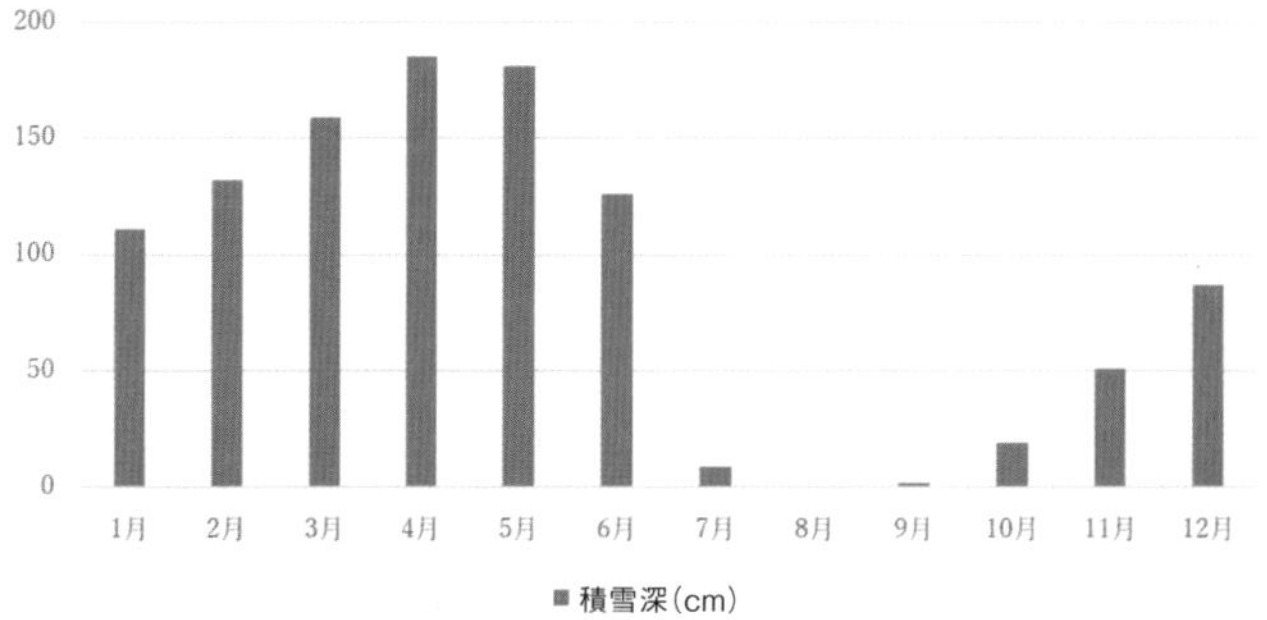

図3-5　富士山頂の月別最深積雪
1965年～1990年の平均値（気象庁のデータをもとに作成）

のが、冬の厳しい寒さです。夏に作られたサクラの花芽は、秋が深まりやがて冬になって気温が下がると、休眠に入ります。冬の間に一定期間、寒さにさらされたら、目覚めのスイッチが入って、成長を再開します。これを「休眠打破」といいます。その後、春になって暖かくなるにつれ、つぼみが膨らみ、やがて開花を迎えるのです。サクラの開花や満開は各地の気象台が発表していて、標本木で5〜6輪以上の花が開いた状態となったら「開花」、標本木で約80パーセント以上のつぼみが開いたら「満開」です。

サクラという名の入ったヒットソングは数多く、「花曇り」や「花冷え」、「花筏《はないかだ》」など天気や季節にまつわることばもたくさんあります。やさしい春風に泳ぐ薄いピンクの花びらには何

寒い冬を乗り越えたからこそ見られる絶景は毎年の楽しみ。サクラの花の中心部が赤くなると、散り始めのサインといわれる。

度見ても心が癒されます。

日本人の春の風景になくてはならないサクラですが、地球温暖化がこのまま進むと、開花しない、もしくは開花しても満開にならない地域が出てくるのではないかと心配されています。温暖化によって冬もあまり気温が下がらなくなると、寒さが足りずに休眠打破が順調に行われなくなる可能性があるからです。日本の春の風景を守るために私たちができることを一つでもいいから始めていきたいですね。

夏の天気

日本の5つ目の季節「梅雨」　末期には集中豪雨も

夏を迎える前にやってくるのが、日本の5つ目の季節ともいわれる、梅雨です。春と夏の間に40日前後、曇りや雨の日が続きます。梅雨は日本を含めた東アジア特有の現象で、中国では「メイユー」、韓国では「チャンマ」と呼ぶそうです。長雨をもたらす原因は「梅雨前線」です。梅雨前線とは、日本の南から張り出す温かい空気を持った「太平洋高気圧」と北から張り出しを強める冷たい空気からなる「オホーツク海高気圧」のちょうど境目にできる停滞前線です。梅雨前線付近に広がる帯状の雲は、日本付近から大陸まで全長およそ1万㎞に及びます。梅雨前線は太平洋高気圧の勢力が強まるにつれて北上し、沖縄から東北まで長雨をもたらします。北海道まで到達する頃には前線の活動は弱まるため、北海道には梅雨がないといわれますが、「えぞ梅雨」といって雨が続く年もあります。

梅雨の末期になると梅雨前線に向かって暖かく湿った空気が流れ込み、大雨が起こりやすくなります。太平洋高気圧が勢力を強め、本州のすぐ近くまで迫ってくると、その西側を回り込んで水蒸気をたっぷり含んだ熱帯育ちの空気が流れ込み、前線の活動が活発になるためです。南から流れ込む暖湿な空気は天気図上で表すと、その入り方が伸びた舌のような形に見えることから「湿舌《しつぜつ》」と呼ばれます。暖かく湿った空気の流れ込みが非常に強い時には「線状降水帯」（第4章175ページ参照）が発生し、記録的な大雨になる危険性があるため、気象予報士の間でも緊張感が高まります。雨雲が予想以上に急発達したり、同じ場所に停滞したりすることもあるため、常に実況を監視しています。

気象庁の「高解像度降水ナウキャスト」は、現在どこで、どれくらいの強さで雨が降っていて、今後、どのように雨のエリアが変化するかを知ることができるツールです。いざという時に大雨から身を守るため、普段から使い慣れておくようにしておきましょう。

梅雨入り・明けの発表はなぜあるの?

長雨が始まると、ニュースや天気予報で気象庁から「梅雨入り」の発表があったと伝えられますよね。わざわざ憂鬱な季節を知らせてくれなくてもという

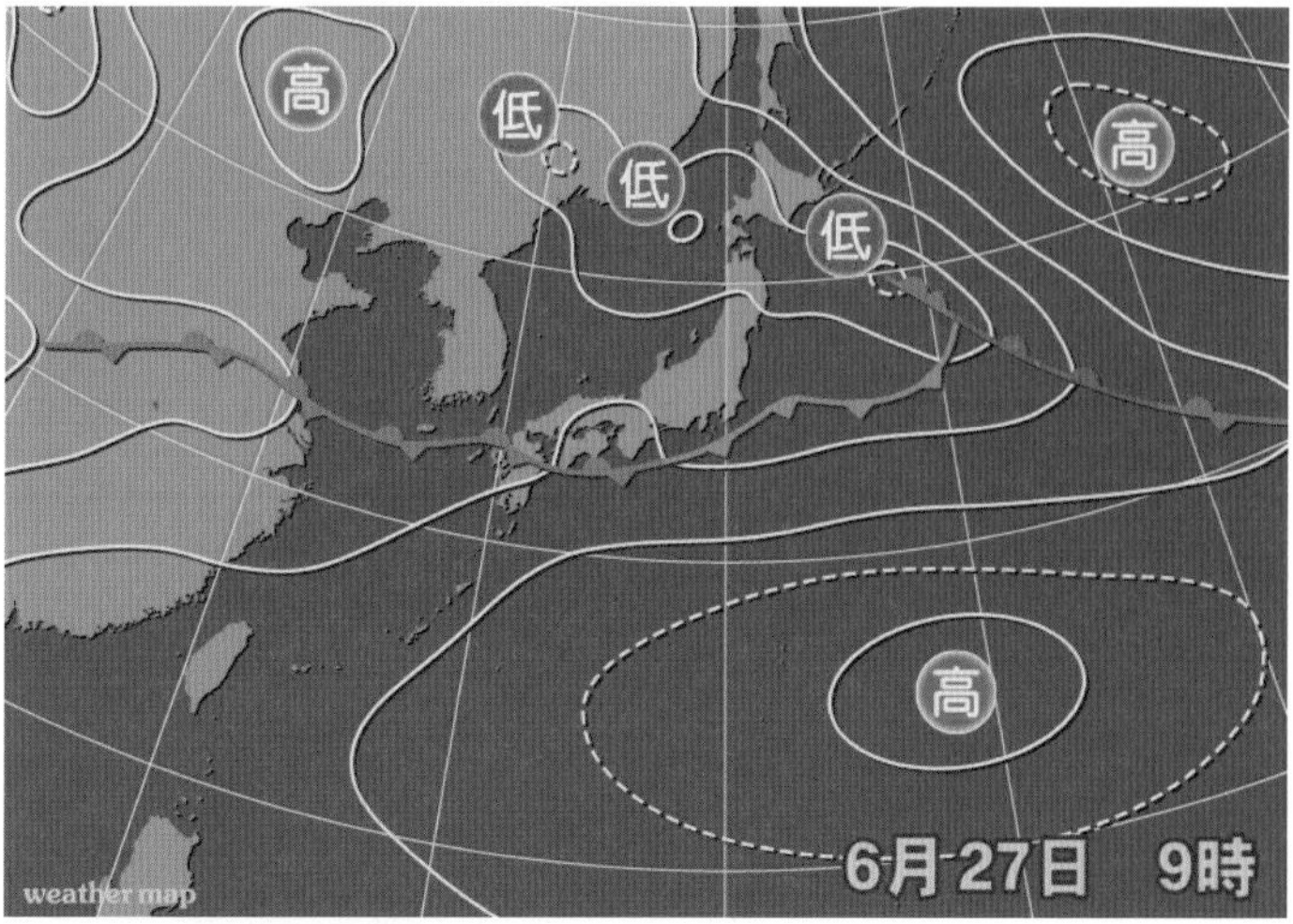

図3-6　梅雨の典型的な天気図
オホーツク海高気圧と太平洋高気圧の境目に発生する梅雨前線。憂鬱な季節だが貴重な水資源を確保するためには適度な雨も必要。（出典：ウェザーマップ）

気分になるかもしれませんが、梅雨入りや梅雨明けの発表は防災上、大切な情報なのです。「梅雨入り」は雨の降り方に注意が必要な季節が始まったので、最新の気象情報に十分気を付けて、大雨への備えを見直してくださいねというメッセージです。

太平洋高気圧が梅雨前線を押し上げて前線が消滅すれば、いよいよ梅雨明けです。「梅雨明け」の発表は、これから夏の暑さが本格的になるため、熱中症に一層注意をしてほしいというお知らせです。ただし、季節はある日から一斉に切り替わるものではなく、徐々に移り変わっていく

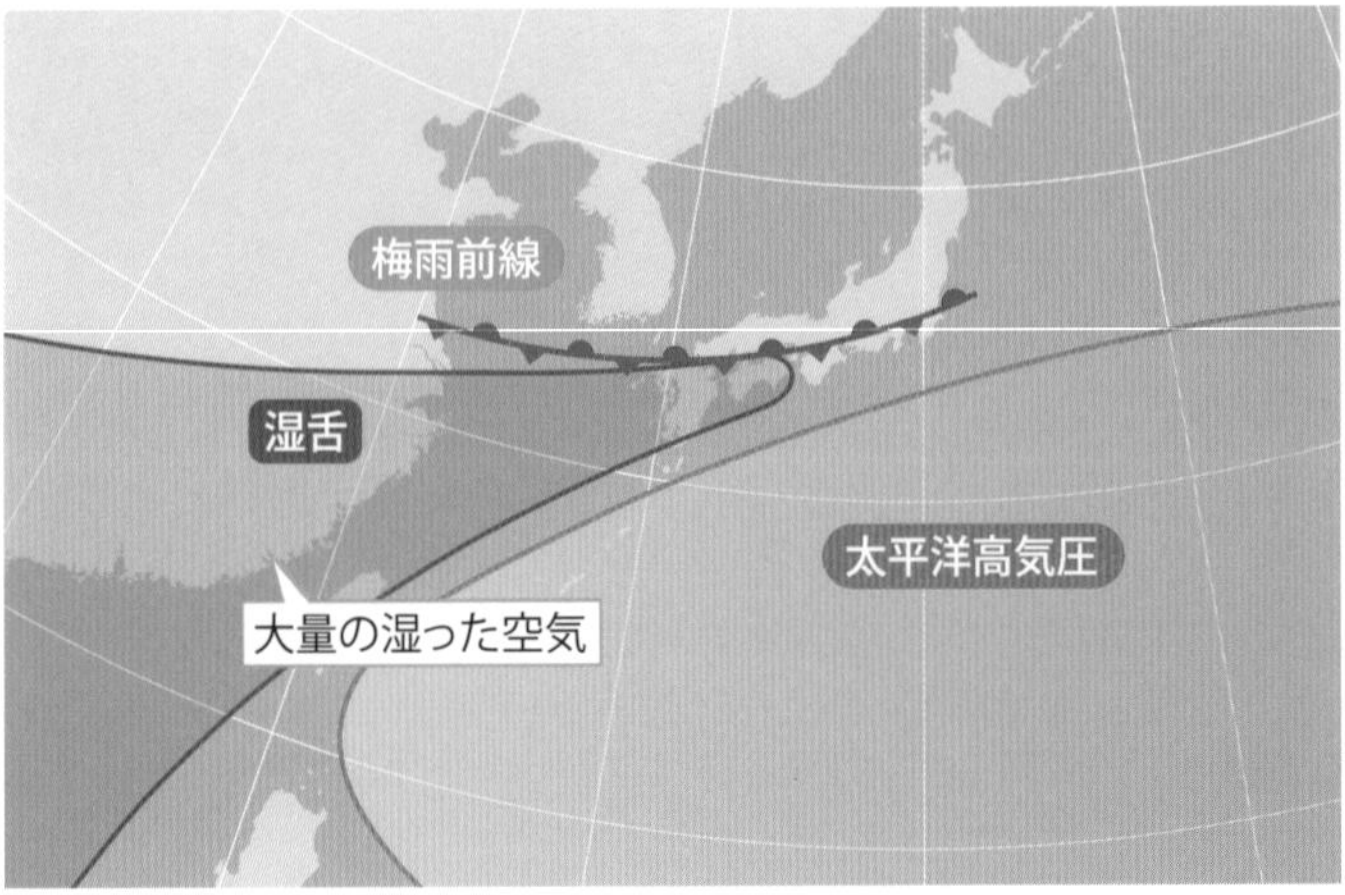

図3-7 大量の水蒸気をもたらす「湿舌」によって、集中豪雨が発生するおそれも。近年は梅雨の末期に大雨による災害が多く発生している。

ものです。このため、梅雨入りや梅雨明けの発表は「6月8日ごろに梅雨入りしたとみられる」というように一定の幅を持った表現にしています。また、毎年9月には春から夏の天候を振り返り、梅雨入り・梅雨明けの日程が適切だったかどうか見直しが行われています。

梅雨には特に便利な「信頼度」

梅雨は多くの気象予報士にとって苦手な季節なのではないでしょうか？（少なくとも私はそうです）。なぜなら、梅雨前線の位置を特定するのが難しく、少しのズレによって、雨の降る範囲が変わってしまい、予想が当たりづらくなるためです。梅雨時は天気予報も更新の度にコロコロ変わることがよくあります。昨日まで3日先は曇りマークだったのに、雨マークに変わっていることもしょっちゅうあるため、先の予定が立てづらい季節です。そんな時に、私が使ってほしいとおすすめしているのが「信頼度」という情報です。信頼度とは、簡単にいうと、天気予報の当たりやすさをアルファベットのA、B、Cの3段階で表したもので、Aが最も当たりやすく、B、Cの順に精度は下がっていきます。3日目以降の予報に付けられていて、気象庁のホームページで発表される週間天気予報で確認できます。ある日の予報が曇りで信頼度がCの場合、もしかしたら今後の梅雨前線の動きなどによっては、雨が降る予報に変わる可能性もありますし、反対に晴れの予報に変わることも考えられます。梅雨以外の季節にも便利な情報なので、ぜひ普段から使って天気予報をもっと役立ててほしいです。

夏は「南高北低」で暑くなる
クジラの尾型は猛暑のサイン

夏の天気の主役と言えば、太平洋高気圧です。
太平洋高気圧の中心は、ハワイ諸島の北の東太平

東京都の天気予報（7日先まで）

2022年07月11日22時　気象庁　発表

日付	今夜 11日(月)	明日 12日(火)	明後日 13日(水)	14日(木)	15日(金)	16日(土)	17日(日)	18日(月)
東京地方	曇	曇後雨	曇一時雨	曇一時雨	曇一時雨	曇一時雨	曇一時雨	曇
降水確率(%)	-/-/-/20	10/30/60/60	50	50	60	50	50	40
信頼度	-	-	-	C	C	C	C	B

図3-8　先の予定を立てるときに役立つ「信頼度」。ただし、台風など荒天のおそれがある時は、AやBの場合も必ず最新情報の確認を。（出典：気象庁）

洋にあります。夏になり日本まで太平洋高気圧が勢力を強めると、よく晴れて暑さが厳しくなります。南から太平洋高気圧に覆われて、北側を低気圧が通過する「南高北低」の気圧配置になる時は、典型的に暑くなるパターンです。低気圧に向かって、暖かな南風が吹き込むため気温が急上昇するのです。また、太平洋高気圧が朝鮮半島付近まで張り出し、等圧線がクジラの尾のような形になる時は猛烈な暑さになります。人の平熱時の体温を超えるような気温になることもあり、十分な注意が必要です。

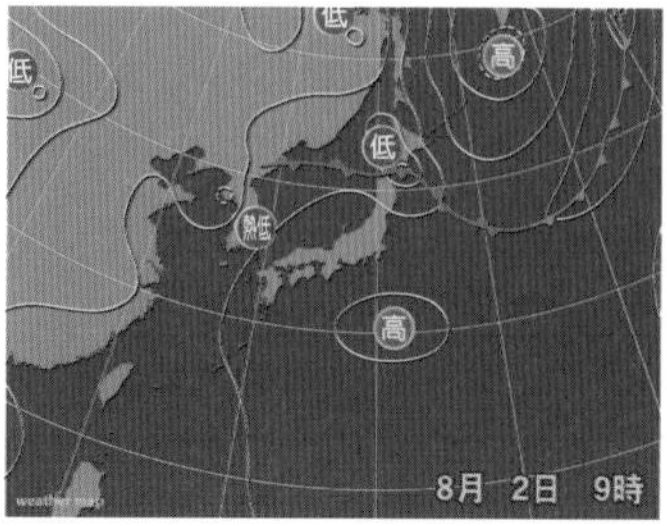

図3-9　夏の典型的な天気図
「南高北低」は厳しい暑さになる典型的なパターン。空気は気圧の高い場所から低い場所へ流れるため、広い範囲で南風が強まる。（出典：ウェザーマップ）

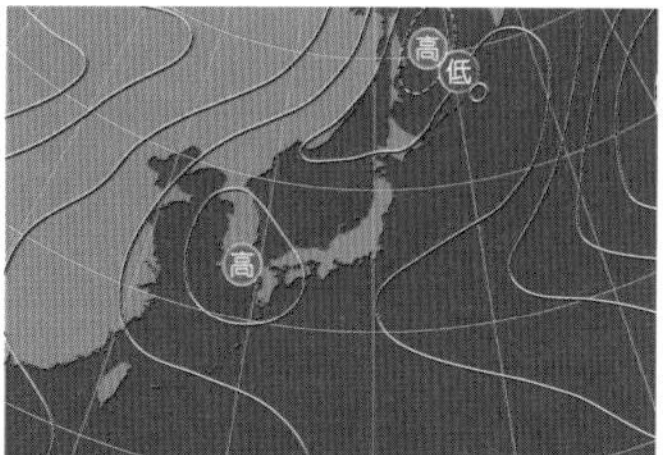

図3-10　猛暑をもたらすクジラの尾型の天気図
「クジラの尾型」の気圧配置になり、この日（2018.7.18）は岐阜県多治見市や美濃市で最高気温が40℃以上に。（出典：ウェザーマップ）

気象予報士の不養生？　油断大敵の熱中症

「医者の不養生」ならぬ「気象予報士の不養生」といえるような苦い経験があります。ある年の夏の始まりに、熱中症への注意を呼び掛ける立場である私自身が熱中症になってしまったのです。私が熱中症になったのはリポーターとして料理番組のロケをしていた時のことです。少しずつ暑くなり始めた頃とはいえ、まだ5月の半ばだったため、ロケの現場では冷房を付けておらず、のどがあまり渇いていないからと十分に水分を摂っていなかったのです。そんな中、料理を始めて、キッチンは煮物の熱気もあり高温多湿の状態に。私はカメラの前から、ふっと姿を消しました。目の前が一気にクラクラとして、立っていることができなくなったのです。その後は水分補給をして横になって休憩を取らせてもらい、ロケは料理の先生とカメラマンだけで進められました。何とか料理ができあがる頃には体調が回復したので、試食をするシーンは撮影できました。

まさか自分が熱中症になるなんて、自分の体調管理の甘さを反省した出来事でした。熱中症は小さな子どもやお年寄りだけでなく、健康的な大人であってもなるものです。

最高気温の高い方から（各地点の観測史上1位の値を使ってランキングを作成）

順位	都道府県	地点	観測値		現在観測を実施
			℃	起日	
1	静岡県	浜松 *	41.1	2020年8月17日	○
〃	埼玉県	熊谷 *	41.1	2018年7月23日	○
3	岐阜県	美濃	41.0	2018年8月8日	○
〃	岐阜県	金山	41.0	2018年8月6日	○
〃	高知県	江川崎	41.0	2013年8月12日	○
6	静岡県	天竜	40.9	2020年8月16日	○
〃	岐阜県	多治見	40.9	2007年8月16日	○
8	新潟県	中条	40.8	2018年8月23日	○
〃	東京都	青梅	40.8	2018年7月23日	○
〃	山形県	山形 *	40.8	1933年7月25日	○
11	山梨県	甲府 *	40.7	2013年8月10日	○
12	新潟県	寺泊	40.6	2019年8月15日	○
〃	和歌山県	かつらぎ	40.6	1994年8月8日	○
14	群馬県	桐生	40.5	2020年8月11日	○
〃	群馬県	伊勢崎	40.5	2020年8月11日	○
〃	山梨県	勝沼	40.5	2013年8月10日	○
17	新潟県	三条	40.4	2020年9月3日	○
〃	山形県	鼠ケ関	40.4	2019年8月15日	○
〃	埼玉県	越谷	40.4	2007年8月16日	○
20	新潟県	高田 *	40.3	2019年8月14日	○
〃	愛知県	名古屋 *	40.3	2018年8月3日	○
〃	群馬県	館林	40.3	2007年8月16日	○
〃	群馬県	上里見	40.3	1998年7月4日	○
〃	愛知県	愛西	40.3	1994年8月5日	○

図3-11　国内の最高気温ランキング
40℃以上の「激暑」は東日本で多く観測されている。（出典：気象庁）

また、熱中症になった人の半数が、外ではなく屋内だったというデータもあります。気温の上がる日は部屋の中では必ず冷房を使用するようにしてください。気象庁が全国で観測した最高気温を高い方から並べたランキングは、2000年代以降に観測した記録が大半を占めています。近年は毎年のように全国どこかの地点で40℃以上の暑さになっています。以前は冷房がなくても大丈夫だったという人もいるかもしれませんが、最近の暑さはこれまでとはレベルが違っています。どんなに我慢強くても、誰もが熱中症になるリスクがあるのです。

熱中症は気温だけでなく、湿度も高い時に危険度が高まるといわれています。湿気の多い場所では、汗が蒸発しにくいので身体に熱がこもりやすく熱中症になりやすいのです。参考にしたいのが、気象庁と環境省が発表する「熱中症警戒アラート」です。熱中症警戒アラートは、「暑さ指数」という数値が33以上になると予想される時に発表されます。暑さ指数は気温、湿度、輻射熱（日射しを浴びた時に受ける熱や、地面、建物、人体などから出ている熱）の3つの要素をもとに算出される情報です。熱中症警戒アラートが発表されたら、外出は避けて涼しい部屋の中で過ごし、のどが渇く前に水分を摂るようにしましょう。1日あたりおよそ1．2リットルを目安に、30分ごとなど時間を決めて摂るのがおすすめです。汗をかくと塩分が失われるので、塩分も一緒に補給できる経口補水液やスポーツドリンクは熱中症対策にぴったりです。お酒は尿の量を増やすので水分補給にはなりません。また、小さな子どもやお年寄りなどは体温調節が苦手なので、周りの人が意識することも大事です。話し方や態度などいつもと様子が違っていないか気に掛けてあげるようにしてください。

私が熱中症対策として必ず持ち歩くのが、日傘と小銭です。最近は性別問わず日傘を使う人が増えましたが、日傘で強い日差しを遮ると、帽子のみをかぶった場合と比べて汗の量は約17パーセント減少するそうです。自分で陰を作って持ち歩ける日傘は、いまや日焼け対策としてだけでなく、熱中症から身を守るための必須アイテムです。小銭を持ち歩くのは、暑くてのどがカラカラの時、やっと見つけた自動販売機で飲み物を買おうとしたら、1万円札しか持っていなくて何も買えなかった……なんて経験をしたからです。キャッシュレス決済の時代ですが、小銭か千円札しか使えない自動販売機やお店もあります。また、災害時にはキャッシュレスが利用出来なくなる可能性もあります。ほんの少し、しのばせておくと役に立つかもしれません。

冷夏を引き起こすのは冷たい高気圧？

夏は暑くなって当たり前なのですが、時には気温が上がらず冷夏になることもあります。冷夏になるのは、太平洋高気圧が強まらないなど様々な原因がありますが、北側からオホーツク海高気圧が張り出すと、北東から冷たい風が吹き込んで、気温が上がりにくくなるのです。この風は「やませ」と呼ばれています。やませが吹くと、特に東北の太平洋側では気温が低く、曇りや雨の日が続いて、農作物が育たずに大きな被害が出ます。東北出身の作家、宮沢賢治は

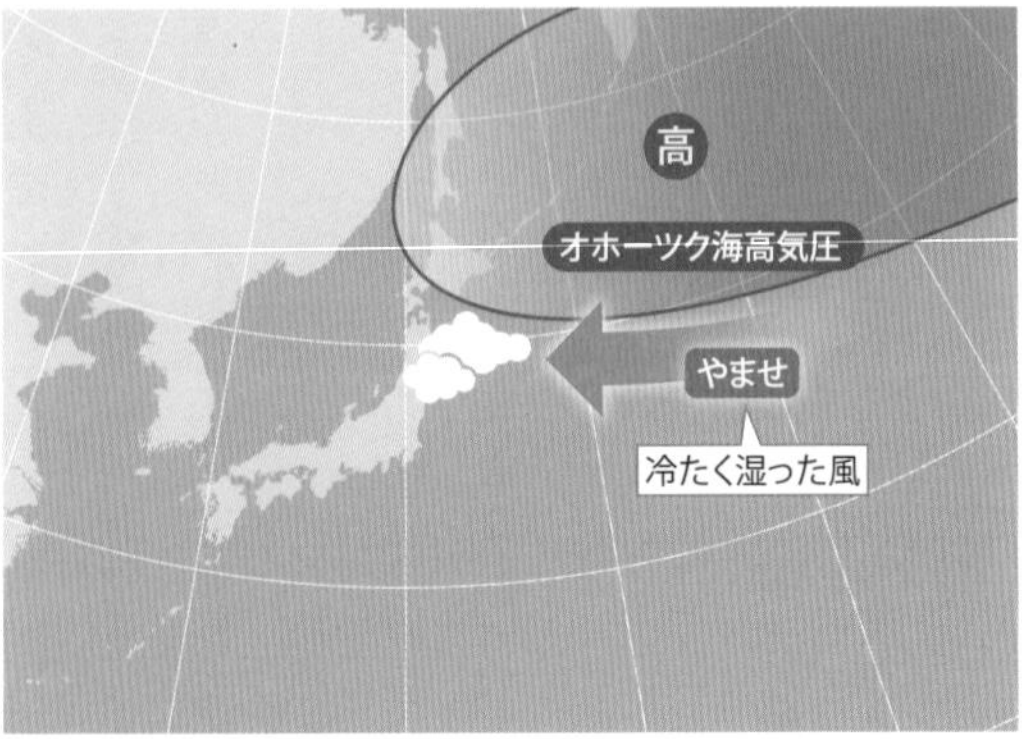

図3-12　やませのしくみ
オホーツク海高気圧に伴う時計回りの風によって、冷たく湿った空気が流れ込む。「北東気流」とも呼ばれる。

「雨ニモマケズ」の詩の中で、「サムサノナツハオロオロアルキ」と詠んでいます。一説によると、このサムサノナツというのは、やませと関係しているのではないかといわれています。

夏によくある?!　天気予報へのクレーム 降水確率と雨の強さは関係なし

私の友人になぜだかいつも雨に降られてばかりの人がいます。「天気予報で降水確率は低かったよね？　だから傘を持ってこなかったのに」と。そう、これ、夏によくある天気予報へのクレームなのです。降水確率が低かったのに土砂降りの雨に降られてしまった。そんな経験がある人は多いかもしれません。気象庁が取ったアンケートによると、天気予報を見る時に降水確率に注目する人は多いようですが、降水確率は正しく意味を理解してもらえていないことが多いのです。降水確率が高いほど、雨は強く降ったり、長く続いたりするイメージがあるかもしれませんが、降水確率の高さと雨の降る強さや長さは関係がありません。降水確率とは「ある一定の時間内に1ミリ以上の雨または雪が降る確率」を示したものです。雨の強さには「ミリ」の単位が用いられ、1時間に30ミリ以上50ミリ未満の雨は「激しい雨」、50ミリ以上80ミリ未満の雨は「非常に激しい雨」、80ミリ以上の雨は「猛烈な雨」といった階級で表現されます。1ミリ以上の雨とは、一般的に傘を差していないと外に出られないくらいの雨ですから、雨音を感じるかどうかくらいの降り方から、傘を差していても濡れてしまう土砂降りの雨まで含まれることになります。このため、降水確率が90％でも比較的弱いシトシトした雨になる場合もあれば、30％と低くても強い降り方になることもあるのです。

ちなみに以前、気象予報士30人に「降水確率何パーセントで傘を持つか？」とアンケートを

気付けば家にはお気に入りの傘がたくさん。青空を持ち運べる傘は曇り空が続く梅雨時の必須アイテム。

取ったところ、平均すると約39.6%という結果になりました。私自身は30%以上なら必ず傘を持ち歩きますが、予想される雨の降り方によって5種類の傘を使い分けています。雨だけでなく風の強い時は頑丈な傘、一時的な降り方で済む時は軽量タイプの傘、雪の日は前が見やすいようにビニール傘など、最も適した傘を選びます。中でもお気に入りは、長い時間降る雨の日でも頭上では自分だけの青空を堪能できる傘です。雨で憂鬱な気分も晴れやかにしてくれます。気象予報士になって雨の特徴を予想できると、いくつもの種類の傘を集めたくなるかもしれませんよ。

「大気不安定」は要注意ワード
気象キャスターのことばにも耳を傾けて

近頃、よく話題になる「ゲリラ豪雨」が起こるような時は、降水確率が低くなりがちです。ゲリラ豪雨とは局地的に降る雨のことで、正式な気象用語ではなく、気象庁では「局地的大雨」などと表現します。いつ、どこで降るか予測が難しく、神出鬼没に雨雲が沸き立つイメージから、このように呼ばれるようになりました。

現段階では、時間や場所をピンポイントで予想するのは困難ですが、ゲリラ豪雨の起こりやすい気象状況は事前に分かります。夏に太陽がジリジリと強く照り付けて、地上付近の気温が高くなる時、上空に強い寒気が流れ込むと、地上と上空の温度差が大きくなります。こうした気象状況になりそうな時、私たち気象キャスターはよく「大気の状態が不安定」と表現します。このことばが使われるような時は、ゲリラ豪雨の発生するリスクが高いです。天気予報を見る時は、ぜひ気象キャスターのことばにも耳を傾けてみてください。

発達した積乱雲は対流圏界面まで達することもあり、行き場をなくした雲は横へ広がる。鍛冶で使う道具・かなとこに形が似ているため「かなとこ雲」とも呼ばれる。（出典：気象庁）

大気の状態が不安定になると、大きく開いた温度差を解消するため、密度が大きい重くて冷たい空気は下へ降り、密度が小さい軽くて温かい空気は上へ昇ろうとします。こうして起きる対流活動によって雲が生まれ、やがて背の高い積乱雲へと発達します。モクモクとした積乱雲は高さ10㎞を超えるほど成長することもあり、土砂降りの雨を降らせたり、雷やひょうをもたらしたりする危険な雲です。いまにも雨を降らせそうな積乱雲の底は分厚いため、太陽の光を遮って黒っぽい見た目をしています。黒い雲が近づき周囲が突然暗くなる、ゴロゴロとした雷の音が聞こえる、急に冷たい風が吹く、これらはすべて積乱雲が近づいて天気が急変するサインです。空模様の変化に気付いたら、すぐに頑丈な建物の中へ避難し、安全を確保するようにしましょう。

秋の天気
前半と後半で大きく変わりやすい

秋の天気は一言ではなかなか言い表せません。私は、秋の天気は前半と後半とでガラッと変わるものだと考えています。まず、私が個人的に呼んでいる〝秋前期〟の天気の主役は「秋雨前線」と「台風」です。梅雨だけでなく、秋もまた雨の多い季節です。一般的に西日本では梅雨の6月〜7月にかけて年間の降水量が最も多くなりますが、東日本の東京では梅雨の時期よりも9月〜10月の方が平年の降水量が多くなっています。

季節の変わり目は空気が入れ替わるタイミングなので、雨を降らせる前線ができやすく、長雨になりやすいのです。梅雨のほかにも、

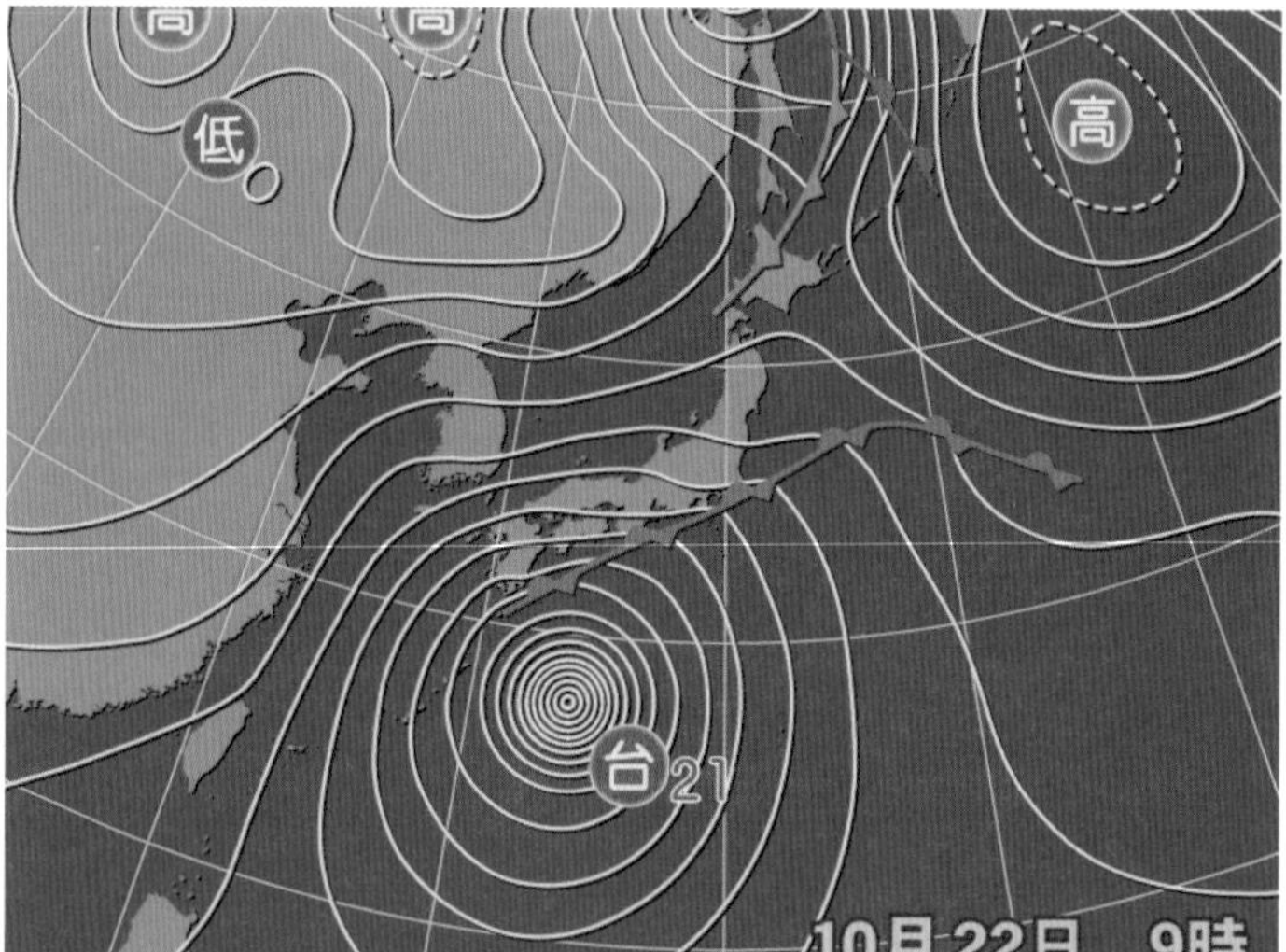

図3-13　秋の典型的な天気図1
秋雨前線が停滞するなか、台風が接近すると、前線の活動が強化されて記録的な大雨になりやすい。
（出典：ウェザーマップ）

季節の植物にちなんで、冬と春の間には「菜種梅雨」、夏と秋の間には「すすき梅雨」、秋と冬の間には「さざんか梅雨」という雨の季節が現れることがあります。すすき梅雨と呼ばれる秋の長雨をもたらすのが秋雨前線です。

秋雨前線は、真夏のピークが去った頃、夏の暖かい空気と秋の涼しい空気がせめぎ合いを起こす境目に発生します。この時期は、台風も日本に近づくことが多くなります。台風周辺からの非常に暖かく湿った空気が秋雨前線に向かって流れ込むと、前線の活動が活発になり危険な雨の降り方になることがあるため、前線と台風の組み合わせの天気図の時は要注意です。

〝秋後期〟になると、秋雨前線は消滅し台風の接近も少なくなります。かわって大陸から移動してきた高気圧に覆われるため、カラッとした晴天の日が多くなります。高気圧は大陸の乾いた空気を運ぶため、空気

「秋桜」と書くコスモスは秋のお花見にぴったり。季節が進むにつれて濃くなる青空によく映える。

の澄んだ濃いブルーの空が広がることが特徴です。春も大陸から高気圧に覆われますが、花粉や黄砂に加え、気温が高くなっていく時期なので、上昇気流によって舞い上がったチリやほこりのほか、水蒸気の影響で、晴れても少しぼんやりとした空になりがちです。何を食べてもおいしいし、読書をするにもスポーツをするにも絵を描くにも快適な秋晴れは、多くの人にとって過ごしやすいといえる天気でしょう。大体10月の終わりに近づ

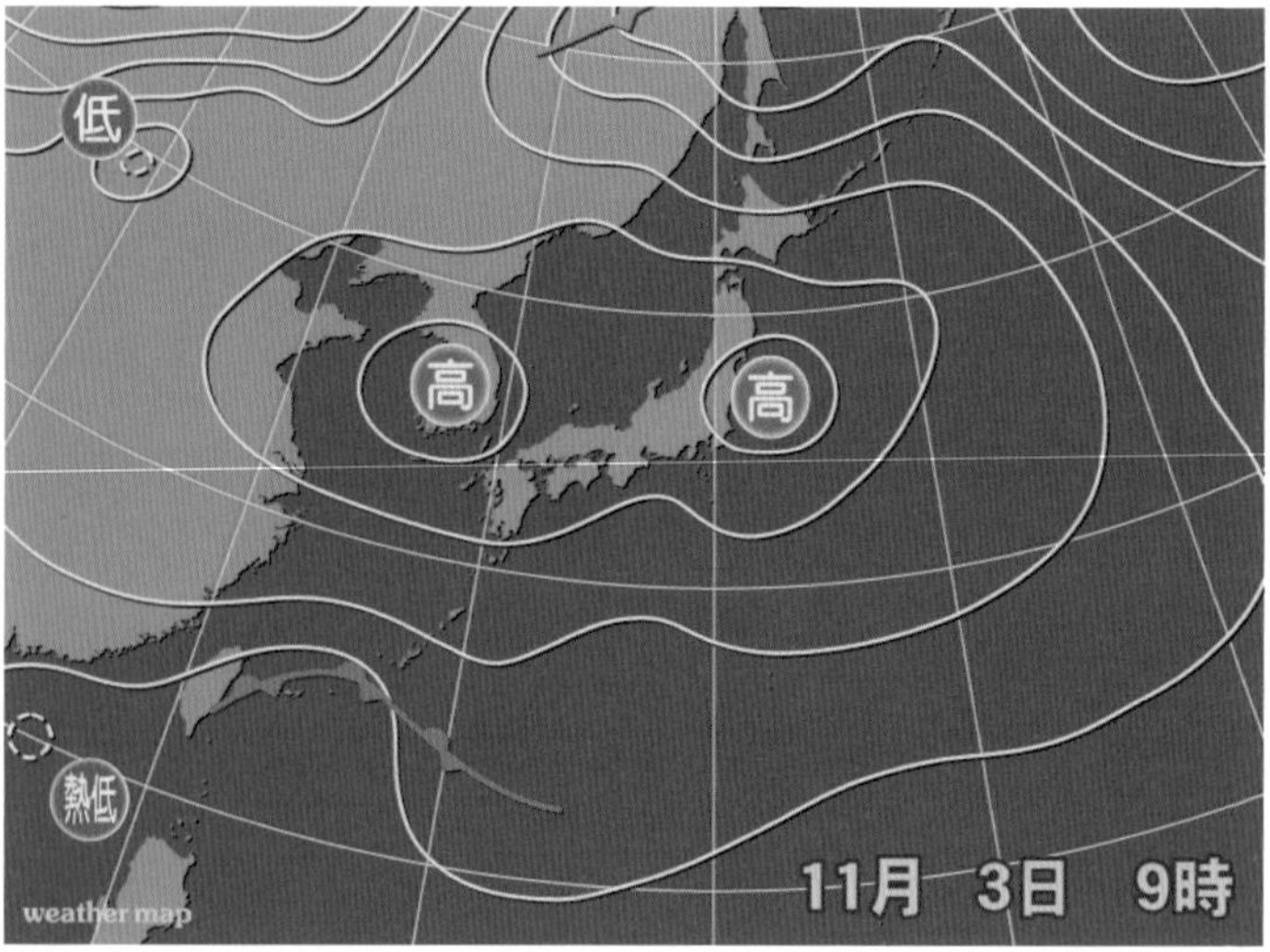

図3-14　秋の典型的な天気図2
大陸育ちの高気圧は、海で育った夏の高気圧と違い、さわやかな空気を連れてくる。カラッと過ごしやすい体感に。（出典：ウェザーマップ）

くと、こうした気持の良い秋晴れの空が増えてきますが、年によってバラバラです。

そもそも台風とは？

そもそも、台風とは、発達した積乱雲が集まって渦を巻いたものです。海面水温が約26～27℃以上のとても温かい熱帯の海で生まれる熱帯低気圧のうち、最大風速が約17m／s以上のものを「台風」と呼んでいます。巨大な雲の塊のエネルギー源はたくさんの水蒸気です。水温の高い海では水の蒸発が盛んになります。大量の水蒸気を含んだ空気が上昇すると、上空で冷えて雲が発生します。「水蒸気」は「雲（無数の水滴）」

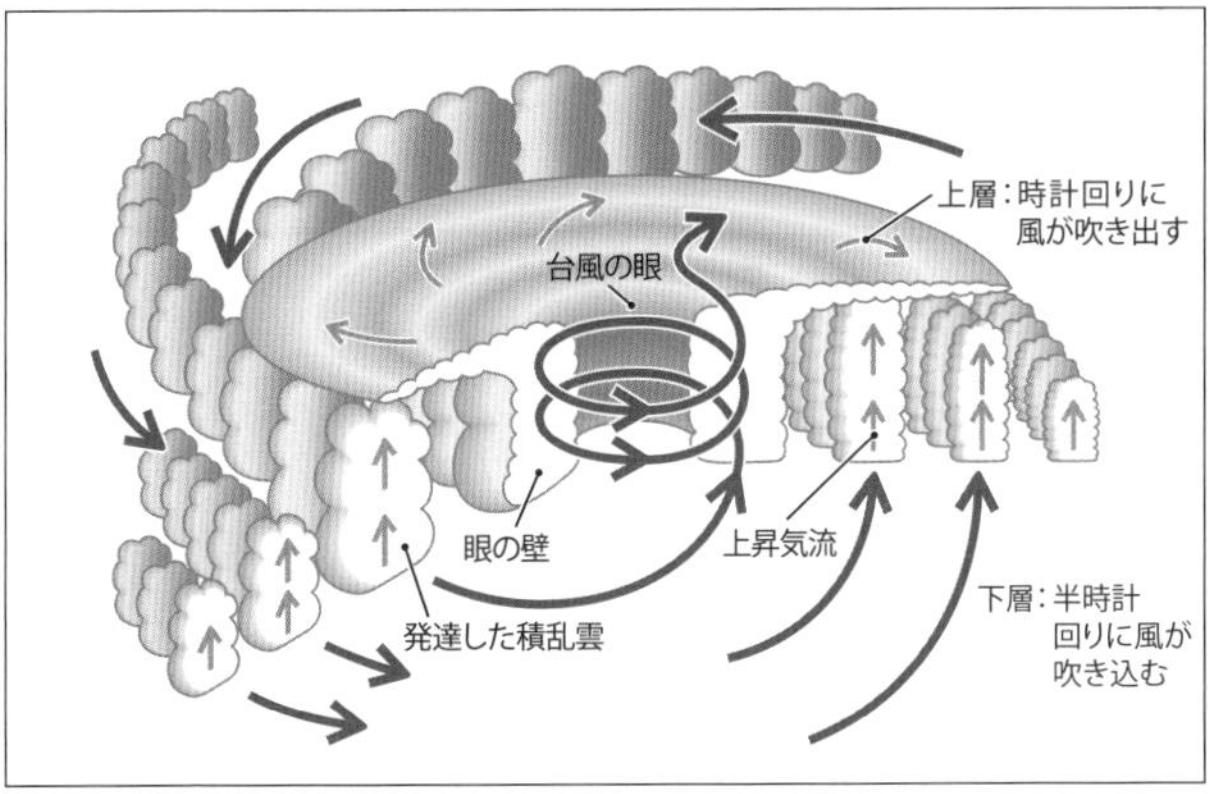

図3-15　台風の断面図　台風の眼の周りを「壁雲」が取り囲む。（参考：「史上最強カラー図解 プロが教える気象・天気図のすべてがわかる本」（ナツメ社））

に姿を変える時、熱を放出しています。この熱が周りの空気を温めると、さらなる上昇気流が起こってまた雲が生まれ、いくつもの発達した積乱雲の集団ができ上がります。この時、上昇して少なくなった空気を補うため、周りから中心に向かう空気の流れが生まれます。地球の自転の影響で、「コリオリ力（北半球では進行方向を右向きに曲げる力）」が働くため、反時計回りの回転が生じるのです。

衛星画像で中心付近にぽっかり穴の空いているところが、「台風の眼」です。ここでは風が弱いため、台風の眼が通過するタイミングでは雨も風もぴたっと止むことがあります。ですが、周辺には背の高い発達した雲があり、眼が通過した後に吹き返しの風が強まることもあるため油断はできません。

海外からのニュースでよく聞く「ハリケーン」や「サイクロン」も台風と同じく熱帯低気圧で、存在する場所によって名前が変わります（最大風速の基準には違いあり）。東経１８０度より西の北西太平洋、南シナ海にある熱帯低気圧を「台風」、東経１８０度より東の北東太平洋やカリブ海、メキシコ湾、北大西洋では「ハリケーン」、ベンガル湾やアラビア海などの北インド洋なら「サイクロン」と呼びます。

過去には、元々はハリケーンだった熱帯低気圧が台風の領域に進んだため、名前を変えたことがありました。俗に言う「越境台風」です。2018年8月14日、ハワイ方面を進んでいたハリケーン・ヘクターは東経180度の線を越えたため、台風17号になりました。越境台風が日本に上陸した例もあります。

正しく知って活用したい　台風の進路予想図

みなさんも台風の進路予想図はテレビやインターネットなどで見たことがあると思います。図3-17の×印は台風の中心が現在ある位置を示しています。赤い円は「暴風域」と呼ばれる風速25m/s以上の場所で、大人でも何かにつかまっていないと立っていられないくらいの風が吹き荒れている範囲です。黄色い円は「強風域」で、風速15m/s以上の風が吹いている場所です。よく見方を誤解されるのが「予報円」です。予報円は予想時刻が先になるほど大きくなっていることが多いため、「台風が発達して成長していく、大きくなっていくのではないか?」と思われやすいのですが、予報円とは、予報した時刻に台風の中心が70パーセントの確率で進む範囲のことです。予報円が大きい場合はまだ進路の予想に大きな幅があるということで、最新の情報を確認する必要があります。

また、図3－17のように予報円の中心が線で結ばれて描かれていることがありますが、この線はあくまで予報円の中心を結んでいるだけで、台風はこの線に沿って進むという意味ではありません。台風の進路予想図を見る時は、中心がいつどこを通るかに注目が集まりますが、中心から離れた場所でも、暖かく湿った空気

図3-16　2022年9月に九州へ上陸した台風14号。中心部に向かって吹き込む風が強いほど遠心力が働くため、風は中心までは入り込めず眼が明瞭になる。(出典：ウェザーマップ)

が流れ込んで大雨や突風が発生したり、台風が大型であれば風の強いエリアが広がったりします。中心の位置にとらわれずに情報を確認するようにしましょう。

台風はどうして急カーブするの？

南の海で生まれた台風が次第に北上し、ぐるっと東へ急カーブして日本へ近づく……その様子はまるで意志を持って動いている生き物のように見えますが、もちろん台風が意図的に日本へ近づいているわけではありません。台風は自ら動くことはほとんどできず、周りの風に流されて移動するのです。

実は台風は季節を問わず発生しています。

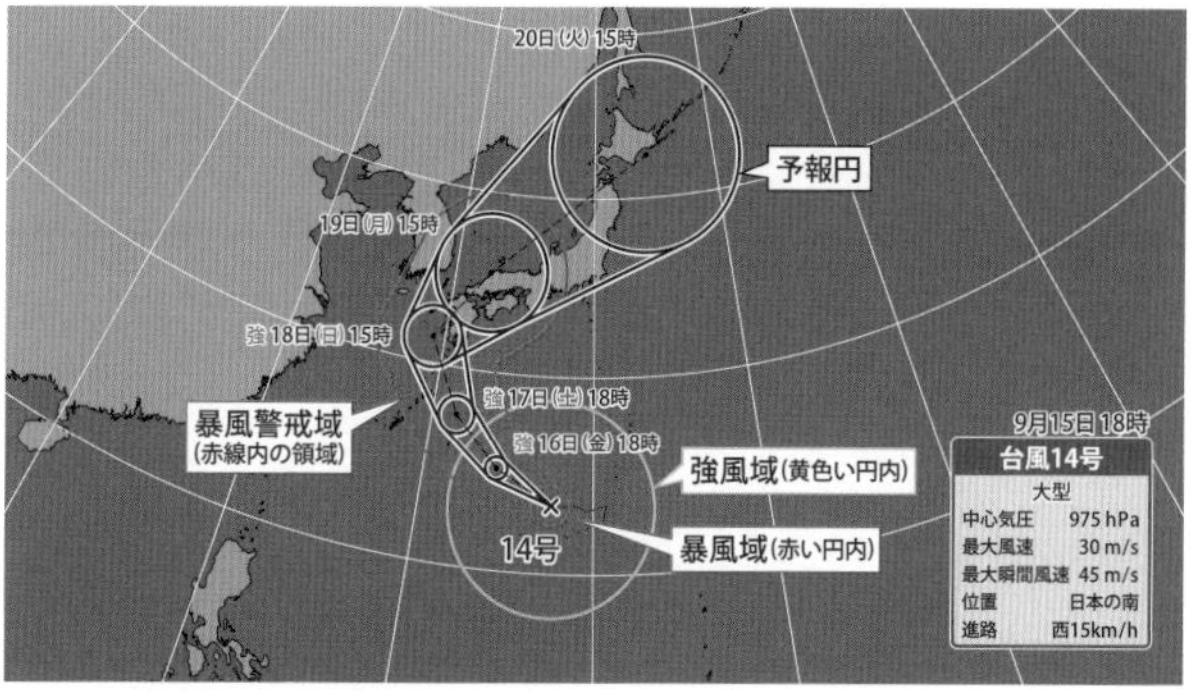

図3-17　台風の進路予想図

台風の進路だけでなく、どんな雨の降り方をするのか、風はどれくらい強いのかなどの情報も確認して備えを。（出典：ウェザーマップ）

ただ、冬や春の間は、熱帯の海で発生した後、赤道付近を東から西に吹く風に流されるため、台風はフィリピンやベトナムの方向へ進み、日本にはあまり近づきません。夏になると日本へ近づく台風が増えるのは、太平洋高気圧が勢力を強めるためです。太平洋高気圧の周辺では時計回りの風が吹いています。台風はこの南風に乗って、太平洋高気圧の縁を沿うようにして、日本付近まで北上するようになります。その後、台風が日本の上空を吹く強い西風、いわゆる「偏西風」に乗ると、東へ急カーブするコースになるのです。

図3-18　台風の進路は、太平洋高気圧の張り出し方や偏西風の強さのほか、寒冷渦など周辺の風の流れに大きく左右される。

台風の進路は太平洋高気圧の張り出し方によって、大きく変わります。7月から8月の夏の間は太平洋高気圧が日本へ強く張り出しやすいため、沖縄や西日本へ近づくことが多いですが、9月頃には太平洋高気圧が勢力を弱めます。すると、台風の通り道ができ、東日本へ近づくことが増えるのです。

また、台風の進むスピードも夏と秋で違いがあります。日本の上空を流れる偏西風は季節によって少しずつ位置を変えます。偏西風が本州の北側にある夏は、台風は偏西風の流れに乗れず動きが遅くなります。進路がなかなか定まらずにフラフラとする様子から「迷走台風」と呼ばれることもあ

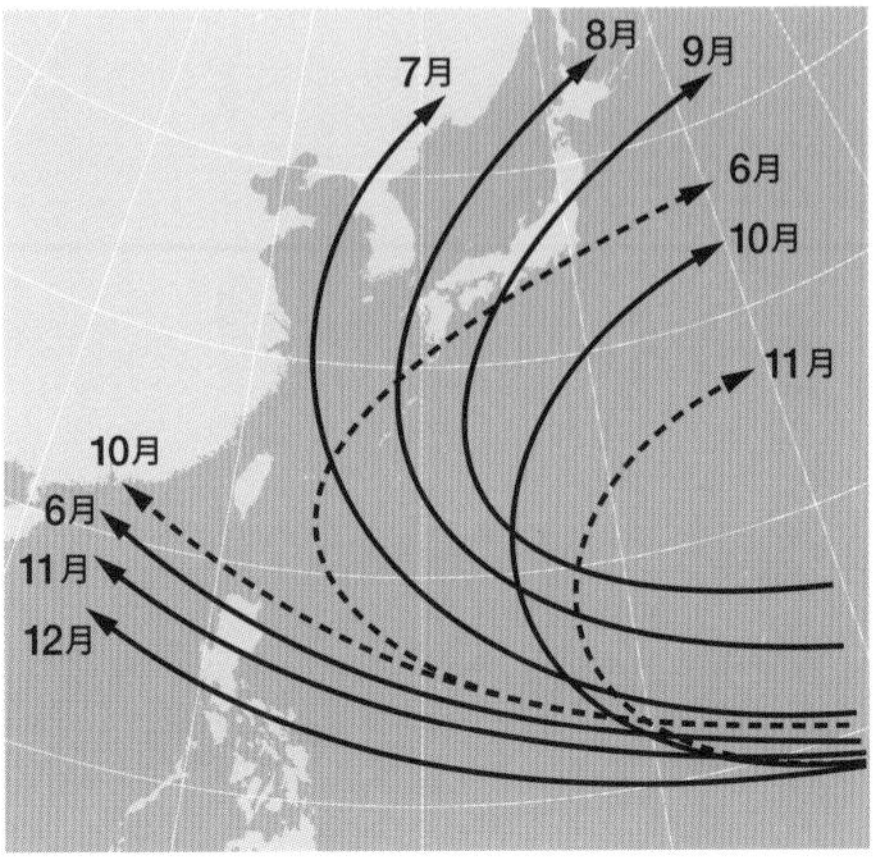

図3-19　台風の月別の主な経路　夏〜秋にかけて、少しずつ台風の進路は変化する。（気象庁のデータを元に作成）

ります。秋の台風には、足の速い神様にちなんで、「韋駄天台風」という異名があります。秋になると、偏西風は次第に本州付近まで南下するため、台風は偏西風に乗ってスピードを上げます。動きが速いため発生から接近までの期間が短いこともよくあります。

「熱帯」低気圧化と「温帯」低気圧化は違う？

天気予報で「台風が熱帯低気圧に変わった」あるいは「温帯低気圧に変わった」という表現を聞いたことはありませんか？似たようなことばですが、全く別の意味です。台風は熱帯低気圧の一種で風速が大きいものを指します。このため熱帯低気圧に変わった時は、台風に伴う風速が小さくなり、勢力が弱まったことを意味します。一方、温帯低気圧に変わった時は、台風の構造そのものが変化したことになります。温帯低気圧とは、寒気と暖気がぶつかって渦を巻く低気圧のことで、台風とは異なる構造をしています。一般的に、日本の南の海で生まれた台風は北上するにつれて、北にある冷たい空気を引き込むようになるので、次第に温帯低気圧に姿を変えていくのです。注意したいのは、温帯低気圧に変わったから、もう安心というわけではないことです。台風は強い風のエリアが中心付近に集中しているのに対し、温帯低気圧では広い範囲で風が強まることが特徴です。温帯低気圧に変わり再び発達したという例もあります。温帯低気圧化したからといって、すぐに警戒を緩めず気象情報を確認するようにしてほしいです。

台風シーズンは要警戒　スーパーセルに伴い発生する竜巻

ひとたび発生すれば車も家も一瞬にして吹き飛ばす威力を持つのが「竜巻」です。竜巻は積雲や積乱雲の下で発生する激しい渦巻きで、日本で竜巻の発生が多いのは8月から10月の台風シーズンに重なっています。台風から離れている場所でも、大気の状態が不安定で積乱雲が発達するような時は竜巻に要注意です。

強い竜巻は「スーパーセル」と呼ばれる発達した積乱雲に伴って生まれます。スーパーセルとは、特殊な構造を持つ巨大な積乱雲で、大きな特徴は上昇気流と下降気流が別々の位置にあることです。地上付近から雲のもとになる湿った空気を持ち上げる上昇気流が、下降気流によって打ち消されないため、雲は長い時間、存在することができます。このため、一般的な積乱雲の寿命は30分〜1時間ほどですが、スーパーセルは数時間にわたって発達することがあるといわれています。

よく竜巻と勘違いをされるのが、「つむじ風」です。運動場などで風が土ぼこりを巻き上げながら回転する様子を見たことはありませんか？　竜巻は必ず雲の下で起きるため、晴れた日に雲を伴わず発生する渦はつむじ風です。つむじ風の寿命は数秒から数分で短く、風速は竜巻に比べて小さいことが多いです。とはいえ、つむじ風も毎秒20メートル程度まで

図3-20　竜巻が迫ったら
真っ黒な雲が近づく、雷鳴が聞こえる、ひょうが降るときは竜巻発生のリスクあり。すぐに頑丈な建物へ避難を。（出典：ウェザーマップ）

達することがあり、テントなどが吹き飛ばされるおそれがあるため、十分に注意してください。

竜巻が発生するおそれがある時、各地の気象台から「雷注意報」や「雷と突風に関する気象情報」が出されます。そして、竜巻がいまにも発生しそうな気象状況になれば、「○○県南部」などの一次細分区域ごとに「竜巻注意情報」が発表されます。テレビの速報テロップで伝えられるのを見たことがある人も多いのではないでしょうか。この情報の有効期間であるおよそ1時間は身の安全を確保できる場所で過ごすようにしましょう。1時間後もまだ危険な状況が続く時は、改めて情報が発表されます。

竜巻が発生した時は、命を守るためにすぐに頑丈な建物の中に避難してください。プレハブや物置、車庫などは吹き飛ばされやすいので避けてください。屋内では窓やカーテンは閉めて、丈夫な机の下に入り、なるべく身体を小さくして頭を守りましょう。屋根や2階以上は吹き上げられやすいため、1階の窓のない部屋へ移動してください。どうしても周辺に身を守る建物がない場合には、水路などくぼんだところに身を伏せて両腕で頭や首を守ってください。

秋の防災週間　日頃の備えの見直しを

毎年9月1日の「防災の日」を含む一週間は「防災週間」です。1923年の9月1日に関東大震災が発生したことや例年この時期は台風などによる風水害が多発することを受け、日ごろの備えの見直しが呼び掛けられます。

普段から心掛けたいこと

- 「ハザードマップ」で自宅や職場などの災害リスクを知る、避難経路の確認
- 災害時に備えて「マイ・タイムライン」を作る
- 最新の気象情報や防災情報を受け取れるようにしておく（スマホに天気予報のアプリを入れる、自治体から防災情報が届くメールサービスに登録するなど）、確認方法に慣れておく

「ハザードマップ」とは、自分の住む場所の災害リスクが分かる地図です。土砂災害や河川の洪水害、浸水害のほか、高潮や津波の危険性についても調べられます。ハザードマップは自治体などから冊子で配布される場合もありますが、インターネットで簡

単に見ることもできます。国土交通省の「重ねるハザードマップ」では、住所を入力すると、すぐに災害ごとのリスクを知ることができます。いざという時は、どの道を通れば安全に避難できるのかも一緒に確認しておきましょう。

災害に備えて「マイ・タイムライン」を作っておくこともおすすめです。「マイ・タイムライン」とは、災害が差し迫った時に、「いつ」、「どのような行動を取るべきか」を一人一人が時系列に整理してまとめたオリジナルな防災計画です。夏休みなどにお子さんの自由研究として作るのもよさそうです。

また、大雨や地震の時、家族全員で一緒に避難ができるとは限りません。時には小さなお子さんが一人で避難しないといけないということもあるかもしれません。このため、通学路など普段からよく通る道で雨が降ったらどんな場所が危ないのか、もしもの時はどこへ避難すればいいかなど、ぜひ一緒に確認してみてください。

台風接近の数日前にしたいこと

- 懐中電灯、電池、携帯ラジオ、スマホのバッテリーなどの点検
- 食料品（飲料水、缶詰、パックごはんなど）や生活用品（常備薬、おむつなど）の備蓄

・風で飛ばされやすいものは屋内にしまう、固定する
・水はけをよくするため側溝や雨どいの掃除

台風接近が差し迫った時にしたいこと

・最新の気象情報、防災情報の確認
・状況によっては不要不急の外出を避ける
・暗くなってからは危険な場合も。明るいうちに早めに避難する

避難先は地域で指定された避難所に限りません。川や山などから離れた場所にある親戚や友人、知人の家、ホテルなどの宿泊施設に避難することも一つの手段です。外が暗くなってからは周囲の状況が分かりづらく、思わぬところで雨水があふれているなど、避難することがかえって危険な場合もあります。そんな時、がけや斜面から離れた2階以上の部屋で過ごす「垂直避難」という方法があります。ただし、これは本当に最後の最後の手段だと考えてください。あくまで明るいうちになるべく早く避難することが大事です。

冷え込みが強まると生まれる錦秋

秋が深まり始めたら、天気予報とスケジュール帳を交互に見て、どこへ紅葉狩りに出かけようかと頭の中がいっぱいになります。秋は私の一番好きな季節で、中でも紅葉を見に出かけることが何よりの楽しみです。「紅葉を見に行こうよう」なんて洒落たことを言わず、美しい紅葉を見に行くためなら一人でどこへでも出かけちゃいます。紅葉は最低気温が8℃を下回ると進むといわれ、立山連峰など中部山岳の標高の高い山では9月中旬~下旬頃には見ごろを迎え、その後、秋が深まるにつれて平地でも色づきが進みます。紅葉とは葉の老化現象のようなものです。紅葉が起こるカエデやイチョウの葉は、夏の間はクロロフィルという色素の働きによって緑色をしています。カエデですが、気温が低くなると、クロロフィルが分解され、緑色が消えていきます。カエデの葉には光合成で作られた糖分が残り、日光を浴びて赤の色素・アントシアニンが作られて紅く色づきます。黄色く色づくイチョウの葉には、クロロフィルと黄色い色素・カロチノイドが含まれています。こちらはクロロフィルが分解された後は、カロチノイドが残って目立つようになるため、黄色く変化するのです。

春のサクラと同様に、紅葉もまた地球温暖化の影響を受けつつあります。近年は秋になってもなかなか冷え込みが強まらずに、葉の色づきもスローペースなため、関東の沿岸地域などでは紅葉の見ごろが12月になってからということも少なくありません。都心では黄色く色づいたイチョウの木々の隣でクリスマスのイルミネーションが点灯するという光景も。いつかはお正月の飾りつけと紅葉を同時に見ることになる日が来るのではないかと心配になります。

秋は表情豊かな空と出会えるチャンス

芸術の秋をお得に楽しむなら、空を見上げる

空気がカラッとして過ごしやすい秋は絶好のお散歩シーズン。特に京都の紅葉のライトアップは圧巻の美しさ。

のが一番です。秋の空は「雲の展覧会」と呼ばれることがあるほど表情豊かです（空を見上げるのは無料ですからね）。たとえば、夏から秋に移り変わる時期の「ゆきあいの空」はとても素敵です。夏によく見られるモクモクとした入道雲がある一方、空の高い場所には白いペンキを付けた刷毛でシューっと描いたような巻雲が現れます。まるで夏の空と秋の空が偶然出会い、お互いに行く道を譲り合っているような光景に思えます。まさにいま、季節が変わりゆく境目であることを肌で実感できる空ですよ。

「いわし雲」や「うろこ雲」などの小さなつぶつぶの雲も秋によく見られます。これらは巻積雲と呼ばれる雲です。「ひつじ雲」は、いわし雲やうろこ雲より低い位置にあり、大きく見え

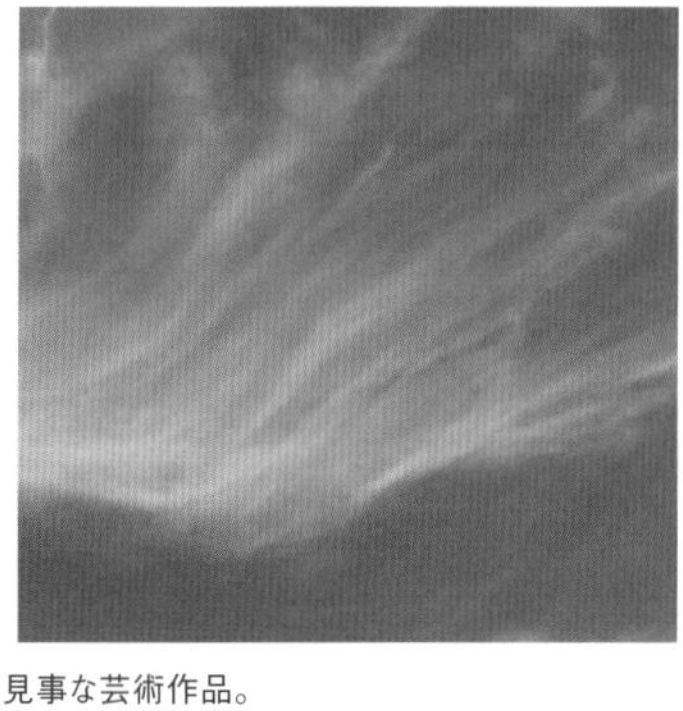

青空のキャンバスに浮かぶ雲は、自然の生み出す見事な芸術作品。

る高積雲です。秋の濃いブルーの空によく映えて見とれてしまいますが、どれも低気圧が近づいている時に見られる雲なので、天気下り坂のサインと覚えておきましょう。秋は思わずシャッターを切りたくなる空や雲とたくさん出会える季節なので、うっかり転ばない程度に上を向いて歩いてみてくださいね。

冬の天気
冬によく聞く「西高東低」の気圧配置って？

みなさんにとって、冬の天気といえばどんな印象でしょうか？　晴れ続きで、空気がカラカラしている？　それとも雪や雨のイメージ？　答えはあなたの住む場所が太平洋側か日本海側かによって大きく違うはずです。太平洋側育ちの私は、富山で初めて迎えた冬に一向に太陽が姿を現さないことに、とても驚きました。洗濯物はなかなか外に干すことができませんが、雪国では一人暮らしの物件にも浴室乾燥機が付いていることが多いので助かりました。地域によってガラリと天気が変わる冬は、山がちな日本の地形が天気に影響を与えていることがよく分かる季節です。

冬の典型的な天気図といえば、「西高東低」の気圧配置をしています。西高東低とは、文字通り、日本の西に当たる大陸に高気圧、東に当たる海上に低気圧がある状態です。西の高気圧は「シベリア高気圧」のことです。「冬将軍」と呼ばれることもあり、日本に寒気をもたらします。冬のシベリアは太陽高度が低く日照時間が短い上に、放射冷却が繰り返されるため、気温がマイナス30℃を下回ることもあります。空気が冷えて重く

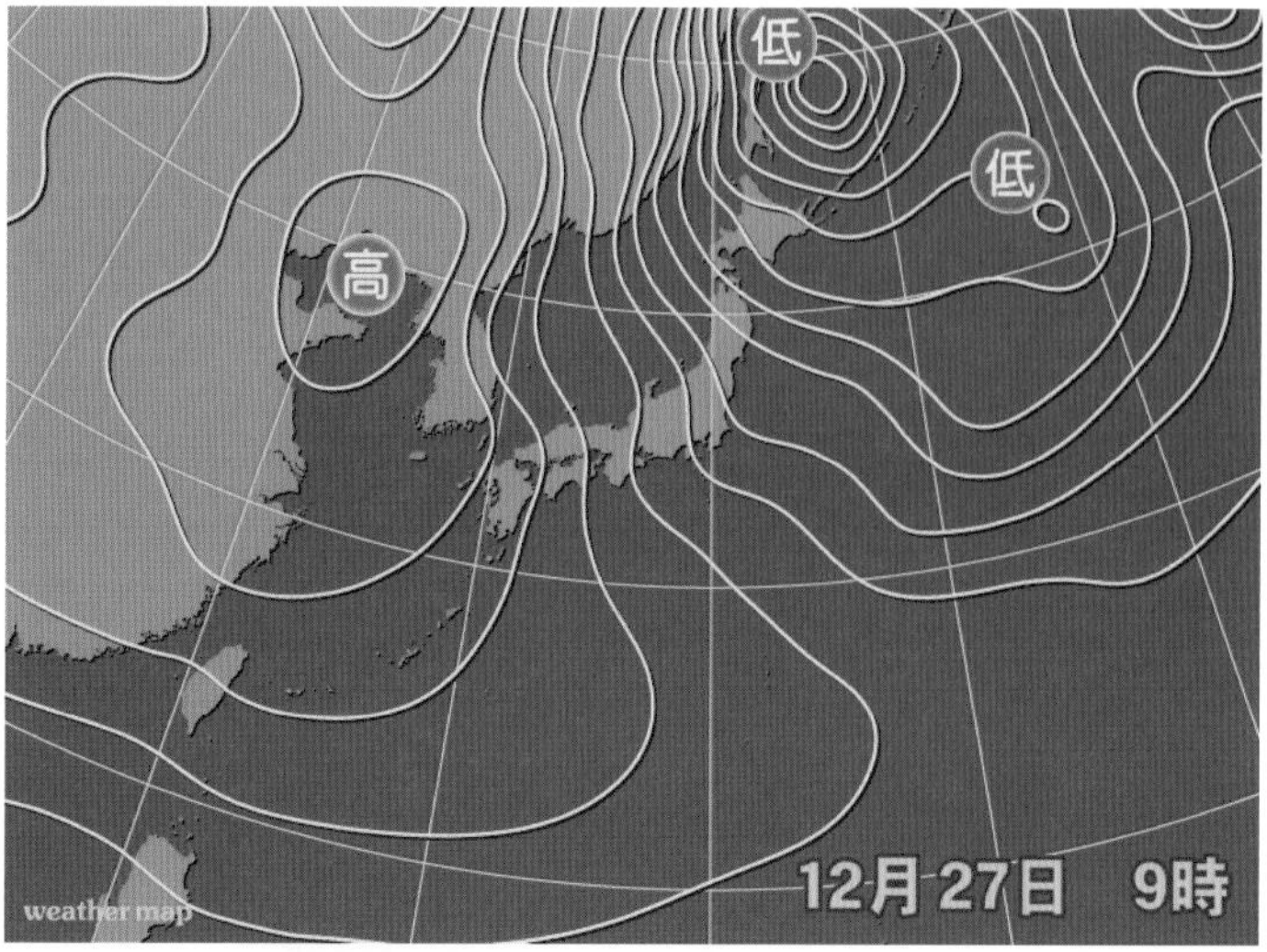

図3-21　冬の典型的な天気図
西高東低の冬型の気圧配置。等圧線の間隔が狭く、荒れた天気に警戒が必要となる。（出典：ウェザーマップ）

なるため高気圧が勢力を強めます。一方、東の低気圧は「アリューシャン低気圧」のことで、アリューシャン列島を中心にオホーツク海からアラスカ沿岸まで、北太平洋北部を東西に広く覆う停滞性の低気圧です。海は陸に比べて温度が変わりにくいので、冬の時期、よく冷える大陸に比べて太平洋の海上は温かくなります。その結果、上昇気流が起こり、低気圧が発生しやすいのです。空気は高気圧から低気圧に向かって流れるため、日本の上空では大陸から冷たい北西の季節風が吹き、寒気が流れ込んで全国的に気温が下がります。

等圧線の数が多いほどその間の気圧の傾きが大きく、流れが速くなるので、風が強まります。大雪や猛吹雪によって、雪国でも事故が相次ぐおそれがあるため警戒を強める必要があります。

日本海側と太平洋側　冬に天気の違いが生まれるワケは？

西高東低の気圧配置になると、日本海側では雪や雨、太平洋側では晴れといった全く違う天気になるのはなぜでしょうか。北西の季節風が強まると、大陸から冷たく乾燥した空気が押し寄せますが、この時、途中にある日本海は露天風呂のような役割をします。どういうことかというと、日本海は温暖な対馬海流の影響で、冬でも水温が約10℃と暖かく海水の蒸発がさかんです。季節風に乗ってやってきた空気は、日本海から水蒸気を受け取り、湿った空気に変化（気団変質）して雲が生まれるのです。熱々の露天風呂の上を冷たい風が吹けば、湯気が沸き立つのと似たようなしくみです。寒気と日本海との温度差が大きいほど、大気の状態が不安定になるため雲は発達します。この時に発生した積雲や積乱雲は、気象衛星で見ると強い風に吹き流されて日本海上に列を作って並んで見えることから「筋状の雲」と説明されることが多いです。筋状の雲は日本海側の地域に雪や

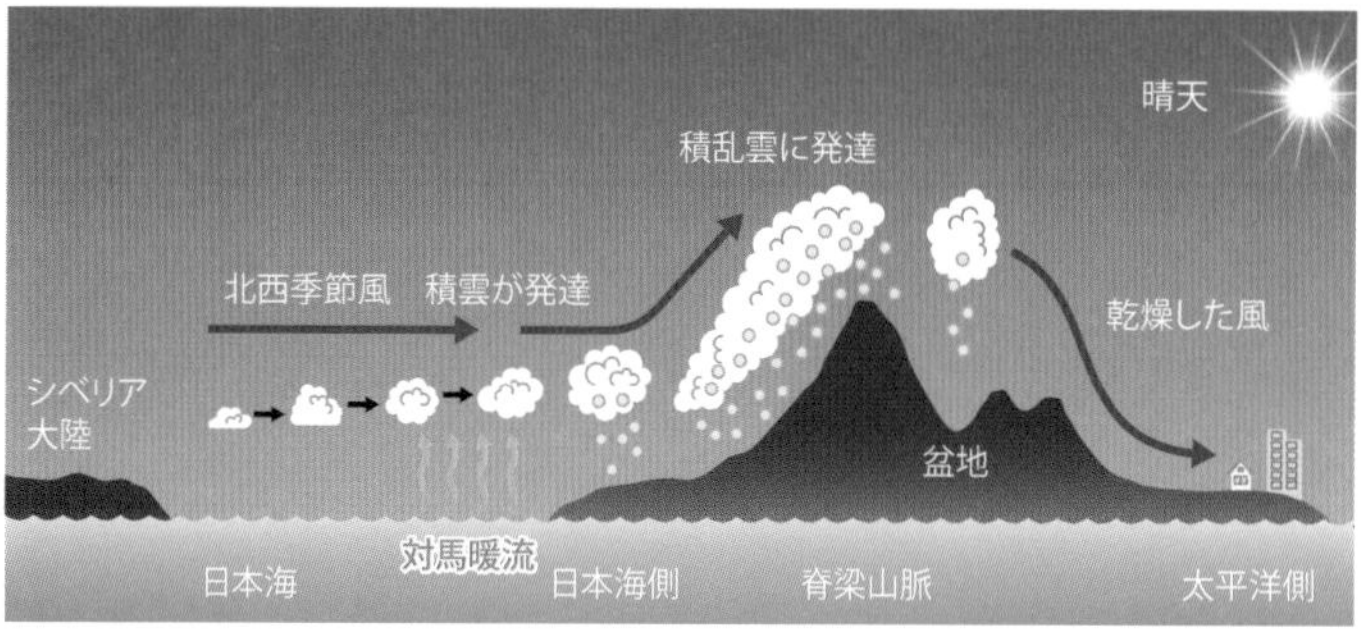

図3-22　冬の天気のしくみ
日本海で「気団変質」が起こり雲が発生する様子。寒気が強いと、太平洋上で再び雲が発生することも。

雨を降らせるほか、雷を伴うこともよくあります。冬の日本海側の雷は夏の雷に比べて、およそ100倍ものエネルギーを持つともいわれます。富山では、冬に雷が鳴るようになると、ブリがよく獲れるようになります。このため、冬の始まりを告げる雷を「ブリ起こし」と呼びます。脂の乗った、この時期ならではの寒ブリはとってもおいしいですが、雷の音は地響きのようなゴオオーンといった爆音で夜も眠れないほどです…！

日本海側で雪や雨が降った後、空気は水分を失い、本州の真ん中を走る脊梁《せきりょう》山脈を越えて、太平洋側に吹き下ります。このため、太平洋側ではよく晴れて、空気がカラカラに乾いた晴天になりやすいのです。

日本海側の雪のパターンは2種類　山雪型・里雪型

同じ冬型の気圧配置でも、日本海側の雪の降り方には2種類のパターンがあります。

①山雪型

等圧線が縦に並んで強い季節風が吹く時、日本海で発生した積雲は強い風に流されて、

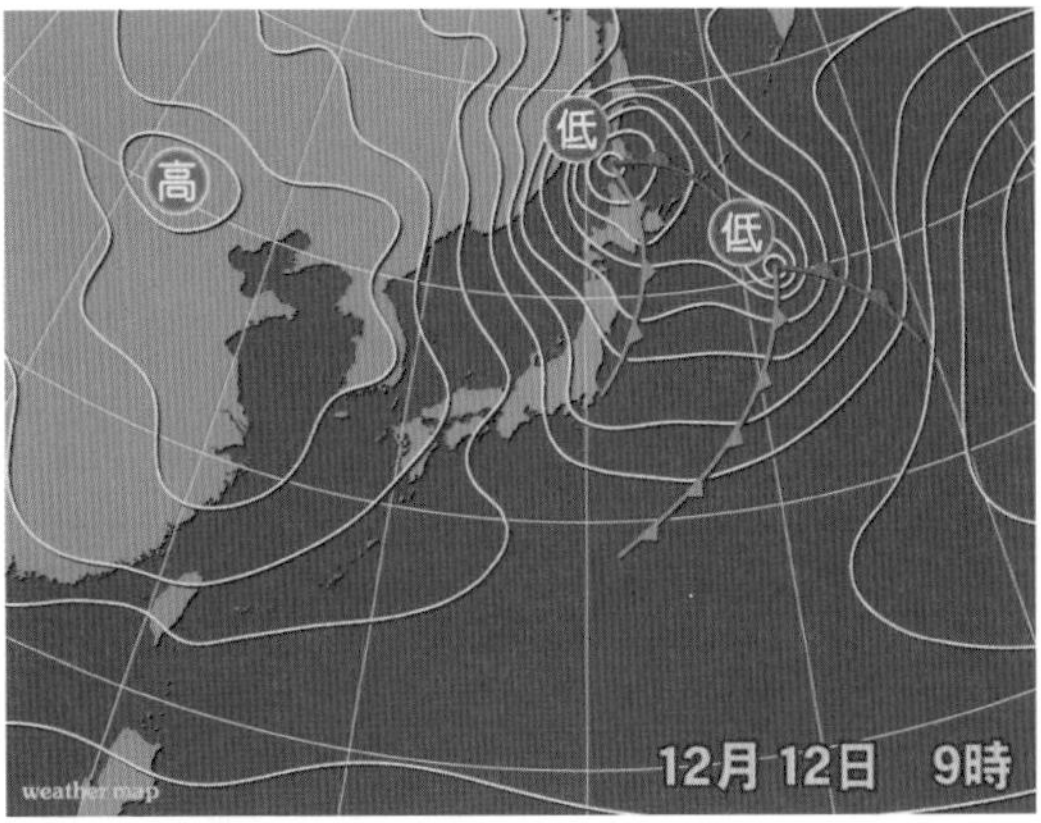

図3-23 「山雪」型の天気図
等圧線が縦に並び、山間部を中心に雪が強まる。（出典：ウェザーマップ）

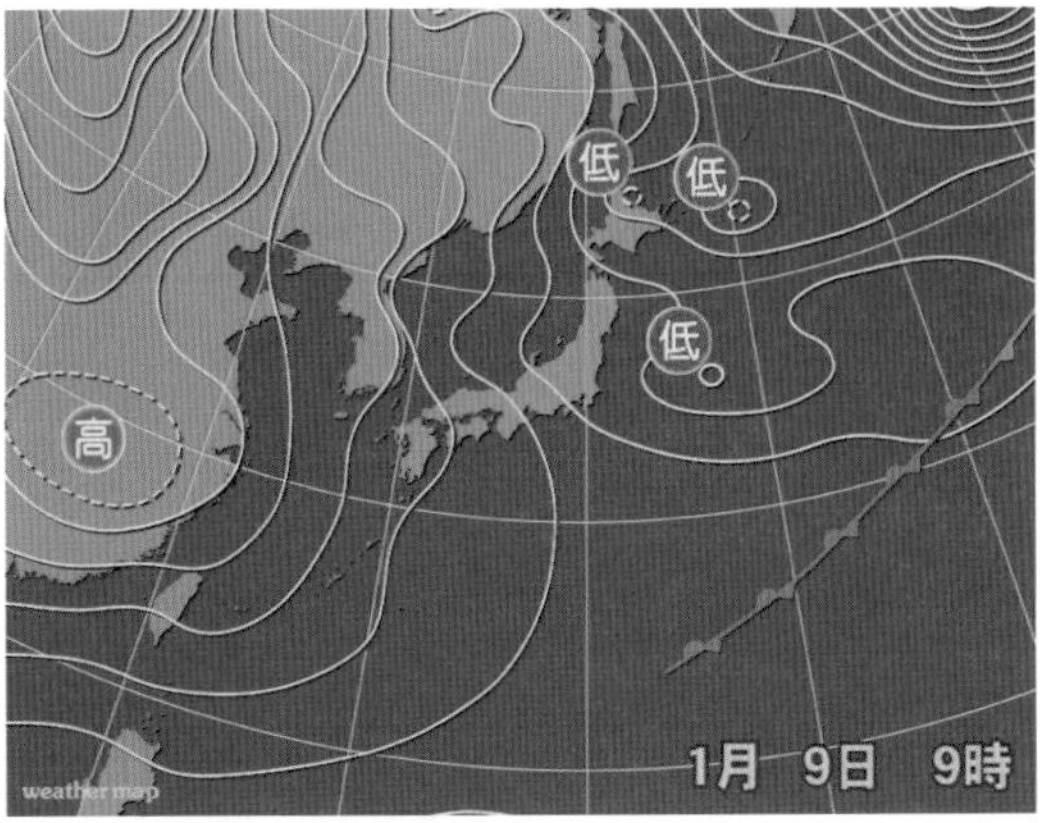

図3-24 「里雪」型の天気図
等圧線が日本海上で袋状に曲がる。沿岸部でも大雪のおそれがある。（出典：ウェザーマップ）

脊梁山脈に吹き付けます。山の斜面では強制的に空気が持ち上げられるので、積雲が発達して積乱雲まで成長します。この積乱雲が山沿いや山間部に雪を降らせます。

②里雪型

山雪型に比べて等圧線の間隔が広く、日本海上で袋状に曲がっている時は、日本海の上空に強い寒気が流れ込んでいる証拠で、大気の状態が非常に不安定です。このため、日本海上で発生した雲は山に運ばれる前に積乱雲まで発達し、沿岸の地域や平野部にもたくさんの雪を降らせます。ただし、里雪型だからといって、山間部では雪が降らないわけではありません。

太平洋側の冬はカラカラ　火の用心の季節

毎年冬になると火災のニュースが増えます。特に乾いた季節風の吹き下りる太平洋側では雨の日が少なく、湿度が極端に下がりやすく、東京都心では湿度が10％台まで下がることもあります。空気の乾燥が進む12月頃からは、火災の件数が増えます。特に風が強い時に火災が発生すると、延焼しやすく被害が拡大します。ストーブなどの暖房器具、コンロなどの火の元はもちろん、タコ足配線にも注意が必要です。タコ足配線で一度にたくさんの電気機器を使うと、使用可能な電力を超え、発熱して発火するリスクが高くなります。リモートワークが広がったいまの時代、家庭で電気機器を使うことが増えているため、昔以上に気を付けましょう。

予想外れの原因になりやすい風のぶつかり合いとは？

西高東低の気圧配置になると、必ず太平洋側では晴れるかというと、そう簡単にはいかないのが天気予報の難しいところです。関東地方から静岡県・伊豆半島の沿岸付近で、冬に向きの違う風がぶつかることで雲が発生し、陸地まで広がることがしばしばあります。大陸から吹く季節風が中部山岳

図3-25　局地的な風のぶつかりで生じる雲。予想に現れにくく予報士泣かせ…。「ならいの土手」や「忍者雲」と呼ばれることも。

の高い山で二分され、次に合流するのがちょうど関東の近くになるためです。この雲は天気図を見ただけでは予想が難しく、しばしば冬に予想が外れる原因になります。

こうした局地的な風が理由で起きる現象は地域ごとに特徴があるため、ローカルの天気予報をする時は地元の気象台の人から話を聞いて勉強するのが一番です。

予想がとっても難しい関東に大雪をもたらす南岸低気圧

ベテランの気象予報士でも予想がとても難しいというのが、関東の雪予報です。太平洋側の関東では、あまり雪

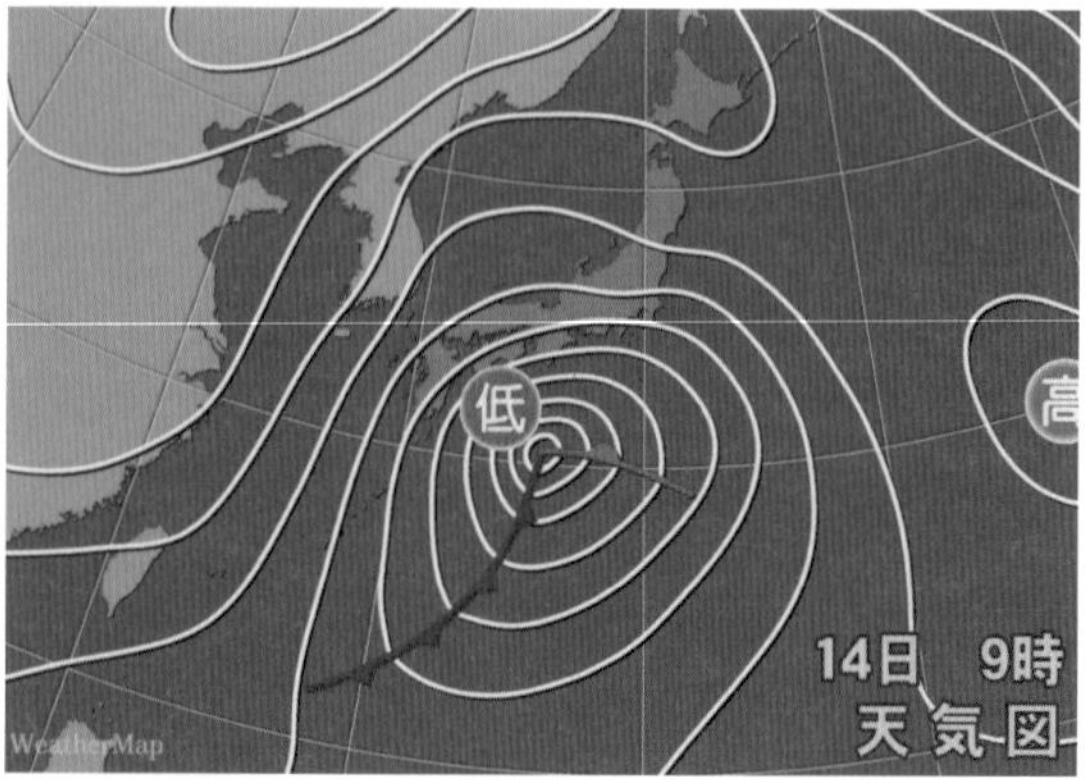

図3-26　南岸低気圧
南岸低気圧によって関東で大雪になりやすいのは1月～2月にかけて。成人式や入学試験のシーズンと重なるため、影響が心配される。（出典：ウェザーマップ）

が降ることはありませんが、南岸沿いを低気圧（南岸低気圧）が通過する時は大雪になることがあります。予想が難しい理由は、低気圧の通過するコースをはじめ、様々な要素によって、降るものが雪か雨か変わるためです。南岸低気圧が通過する時、北側から寒気が引き込まれると雪になりやすいですが、陸地に近づきすぎると、低気圧の反時計回りの風によって南側から暖かい空気が入るため、雨になります。また、陸地からあまりにも離れて通過すると、雨も雪も降らないかもしれません。

さらに、関東地方は内陸の平野部に冷たい空気がたまりやすい地形的な特徴が

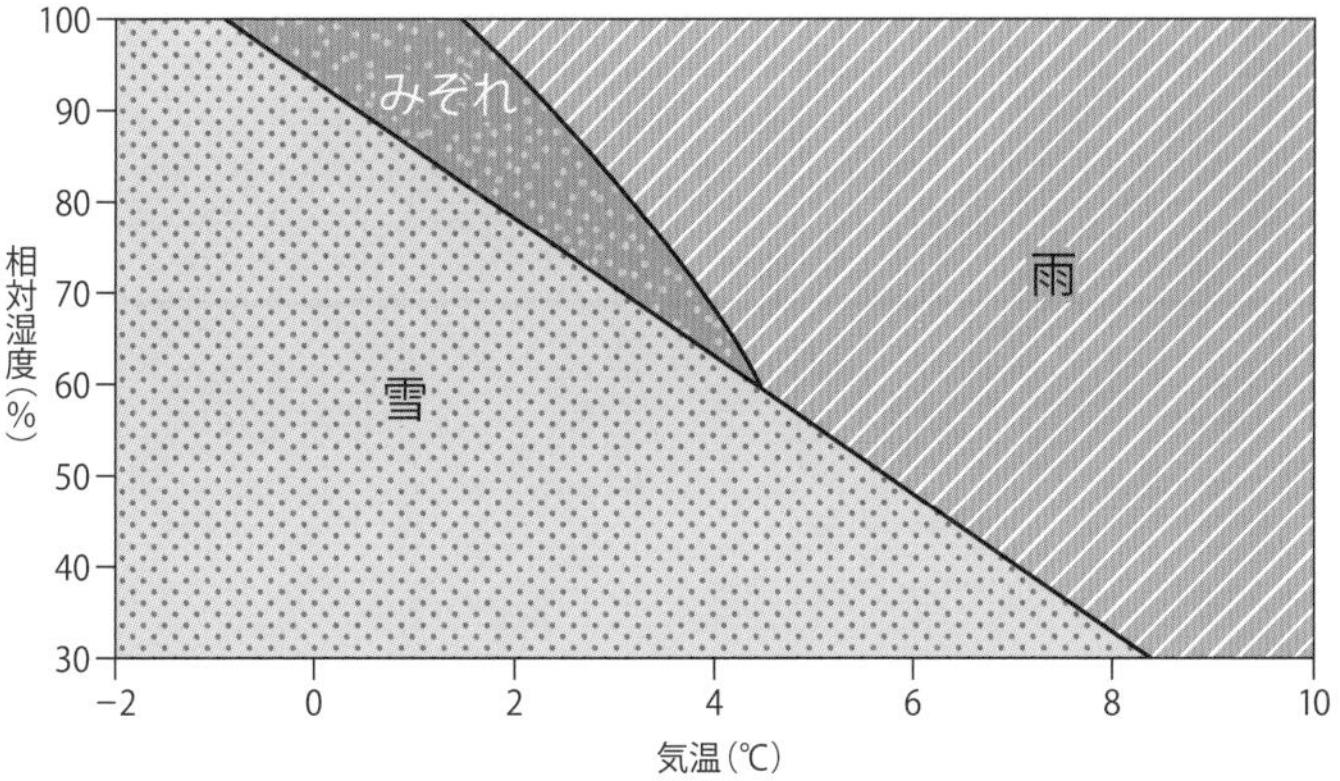

図3-27　地上観測より推定された雨雪判別図
空気が乾燥しているほど、雪が降りやすい。また気温が2℃以下になると雪かみぞれになる。

あるなど、予想を難しくさせる理由は他にもあります。北からの冷たい空気と南からの温かい空気がぶつかって、関東の沿岸付近で発生する局地的な前線も雪の予想に影響を与えるといわれています。

また、雪になるのか雨になるのかは湿度によっても変化します。同じ気温なら湿度が低い方が雪になりやすいです。これは、乾燥していると昇華（雪の結晶から水蒸気になること）が盛んに行われ、この時、大量の熱が周りから奪われます。結果として、雪の結晶そのものが冷やされて温度が下がるため、雪のまま融けずに落ちてくるのです。

めったに雪が降らない首都圏は少しで

普段雪の降らない関東は少しの雪でも油断できない。車のスリップ事故や歩行時の転倒によるケガには十分に気を付けたい。

も雪が積もれば、交通などに大きな影響が出てしまいます。雪の予想が出ている時は滑りにくい靴をはいて小さな歩幅で歩く、冬用のタイヤを装着していない車の運転は控えるなど、慎重に動きましょう。また、関東など太平洋側で降る雪の多くは、気温の低い北海道で降るさらさらしたパウダースノーではなく、ベチャベチャとしています。水分を多く含む湿った雪は重みがあるため、電線が切れて停電が発生したり、農業用ハウスが倒壊したりすることがあります。

おまけ　四季の心得「令和版・枕草子」

平安時代の一流エッセイスト、かの清少納言女史は「春は夜明け、夏は夜が素敵。秋は夕暮れに、冬は早朝が趣あるわよね」なんて日本の風光明媚な四季の魅力を美しく雅なことばで綴りました。いまもなお残る四季の風景は日本人の誇りです。しかし…令和時代の気象予報士である私は思うのです。日本は春夏秋冬、おのおの気を付けなければならないことが多すぎる！　天気予報の中でいったい何度、「気を付けてください」「注意してください」「警戒が必要です」と繰り返したことでしょう。そんなわけで、清少納言大先生に習って、日本の四季折々の心得を綴りました。

春は風。あたたけき風はのどかに見え、いとおそろし。
憎き悩ましき花粉を運び、また時に雪を解かし、なだれを引き起こす。
春の嵐は、大事故、大火事を呼ぶ。

夏は暑気（あつけ）。昼はさらなり夜もなほ、冷房は付けるべし。
真夏日、猛暑日を超へ、ちかごろ「命おびやかす危ふき暑さ」もあり。
まめに水をのみ、食ふ寝ることを怠るな。老ひも若きもみな、心して声掛け合うべし。

秋は野分（のわき＝台風）。夏に比べ、本州へ近づくこと多し。
西風に流され、足早に迫ることいとおそろし。
新しき情報を手に、備えあれば患ひなし。異常の時は、山川海に近づくな。

冬は雪。近ごろは「暖冬」といえど、降る時は一度に多く降りけり。
豪雪地帯は気を緩めず、また雪かきは心して、複数人で行うべし。
都市部の大雪はめずらし。されど、あわてず落ち着き動けば、大事に至らず。
すべりにくき靴、時にゆとりある行ひを。

秋のおいしい天気予報
「アレンジレシピで楽しみながら備蓄を」

「防災の日」がある秋は日ごろの備えを見直してほしいと、スーパーでも缶詰などの備蓄品コーナーが充実します。最近は乾パンやカップ麺、レトルトカレーなどの定番商品だけでなく、ユニークな備蓄品が登場しています。缶詰に入ったチーズケーキなどのスイーツや数年先まで保存できる肉じゃがなどのお総菜も。試してみたところ、とてもおいしくて、備蓄のためとは言わずに、ぜひ普段から活用したいと思いました。

長期間保存できる備蓄品ですが、うっかり賞味期限を切らしてしまったという経験はないでしょうか。賞味期限はおいしく食べられる期限なので、すぐに食品の品質が落ちるわけではありませんが、もしもに備えて、常に新しい備蓄品を手元に備えておくためにおすすめしたいのが「ローリングストック」です。これは、賞味期限の長い食品を少し多めに買っておき、古いものから順番に普段の生活の中で使って、使った分はまた買い足すというサイクルを繰り返す方法です。備蓄品はそのまま食べてもおいしいですが、私はアレンジレシピを作って楽しんでいます。たとえば乾パンはコーヒーに浸して生クリームと合わせればティラミスに変身します。また、非常時に不足しがちなタンパク質を摂るために備えたいのがサバ缶ややきとり缶です。普段の料理にも組み合わせやすく、時短料理としても役立つので重宝しています。

第4章

最近の気象事例

異常気象の原因になることも「エルニーニョ現象」「ラニーニャ現象」とは？

　このところ、「異常気象ばかりだ。天気がおかしい。」そんな声をよく聞きます。「異常気象」は、一般的にはいつもの年に比べて、極端に暑かったり、雨が多かったりする時に使われることばですが、気象庁では、ある場所（地域）・ある時期（週、月、季節）において30年に1回以下で発生する現象と定義しています。異常気象の原因の一つとして、よく取り上げられるのが「エルニーニョ現象」や「ラニーニャ現象」です。

　まず、**「エルニーニョ現象」とは、日本から遠く離れた南米・ペルー付近の海面水温が平年より高い状態がおおむね1年以上続くこと**です。エルニーニョとは、スペイン語で「男の子（キリスト）」という意味で、もともとはペルーの漁師たちが毎年クリスマス頃に、この海域の水温が高くなることを指して使っていました。逆に、**ペルー**

海域の海面水温が平年より低い状態になることを「ラニーニャ現象」といいます。ラニーニャはスペイン語で「女の子」です。

では、ペルーの海面水温がどのように日本の天気に影響するのでしょうか。広大な太平洋全体を見渡すダイナミックな視点が必要です。まず、太平洋の赤道付近では、一年を通して風向きが変わらない**「貿易風」**という東風が吹いています。このため、エルニーニョ現象もラニーニャ現象も発生していない通常の場合、海面に近いところにある温かい海水は、インドネシアやフィリピンなどのある太平洋の西部に吹き寄せられます。一方で、東部では貿易風によって海の深い部分から冷たい水が湧き上がります。このため、**海面水温は西部で高く、東部で低くなっています。温かい海水のエリアでは上昇気流が盛んになり、たくさんの積乱雲が発生します。**

しかし、貿易風が何らかの影響で弱くなる時があります。すると、西部にたまっていた温かい海水が東へ広がり、東部での冷たい海水の湧き上がりも抑えられます。こうして、太平洋東部のペルー沖の海面水温が平年より高くなる状態が「エルニーニョ現象」です。反対に、「ラニーニャ現象」の発生している時は、貿易風がいつもより強まり、太平洋東部では冷たい水の湧き上がりが強化され、平年より海面水温が低くなるのです。エルニーニョ現象やラニーニャ現象が起きると、積乱雲の多い場所もズレるので、世界の気象に大きな変化をもたらします。

エルニーニョ現象が発生している時は、日本では暖冬になりやすいといわれています。これは、上空を吹く偏西風の流れが変わるためです。偏西風は、北側の寒気と南側の暖気を分ける風です。まっすぐではなく蛇行しながら吹くことで、日本へ寒気や暖気を引き込みます。太平洋西部に当たるフィリピン付近の海面水温がいつもより低くなると、上昇気流が起こりにくく、この付近は高気圧に覆われやすくなります。いつもと積乱雲の発生する場所が変わると、偏西風の流れにも変化が起きるのです。**偏西風は蛇行の幅が大きくなり、中国大陸の南部でいったん南に下がり、日本付近では平年より北へズレて吹く**ようになります。こうなると、**日本には南から暖かい空気が流れ込みやすくなり、冬の気温が高くなる**のです。

２０１４年夏～２０１６年春にかけて２年弱続いたエルニーニョ現象は、気象庁が統計を取っている１９４９年以降で最も長く続いたものになり、「ゴジラエルニーニョ」

や「スーパーエルニーニョ」などと呼ばれました。日本では、2015年の末から2016年のはじめにかけて、記録的な暖冬になりました。日本海側の地域でも雪の降る量が少なく、スキー場の雪不足が問題になった地域もありました。豪雪地帯として知られる新潟県津南町では、例年なら2月中旬には積雪が2〜3メートルになりますが、2016年の2月は積雪が1メートル前後しかなかったのです。

夏にエルニーニョ現象が発生している時には、冷夏になりやすい傾向があります。通常の年は、フィリピン付近の温かい海上で上昇気流が発生しやすく、積乱雲が発達しやすくなります。その上昇気流は、やがて日本付近で下降気流となって、暑さや晴れの天気をもたらす太平洋高気圧の勢力を強めます。しかし、エルニーニョ現象が発生すると、フィリピン付近で上昇気流の発生が弱まるため、太平洋高気圧も発達しづらくなり、日本は冷夏になりやすいのです。

一方で、ラニーニャ現象の発生時は、夏の暑さや冬の寒さはより厳しくなる傾向があります。記録的な暑さとなった2022年の夏や北陸や関東で大雪となった2017年から2018年にかけての冬はラニーニャ現象が発生していました。

次のページからは、近年発生した甚大な気象災害の事例をいくつか振り返り、命を

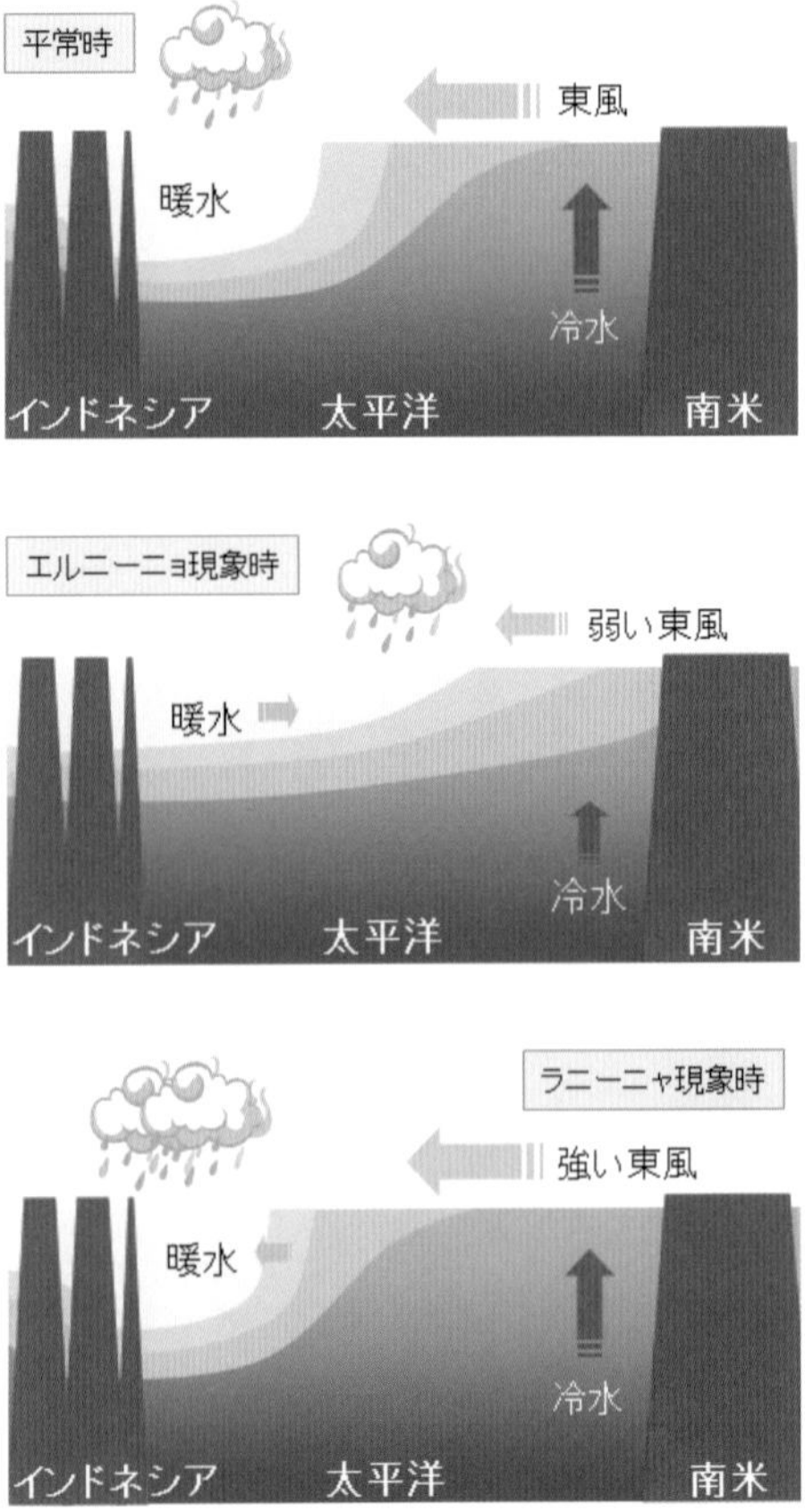

図4-1 エルニーニョ／ラニーニャ現象に伴う太平洋熱帯域の大気と海洋の変動
（出典：気象庁）

守るために活用したい気象情報についてお伝えします。

平成三十年七月豪雨（西日本豪雨）

「平成最悪の水害」ともいわれたのが「平成三十年七月豪雨」です。報道では「西日本豪雨」と呼ばれることが多く、こちらの名で記憶に強く残っている人が多いのではないでしょうか。当時の気圧配置を振り返ると、2018年6月28日以降、北日本に停滞していた前線が、7月5日にかけて西日本まで南下し、その後、停滞しました。その間、日本の南で発生した台風7号が東シナ海を北上し、前線に向かって、台風由来の暖かく非常に湿った空気の流れ込みが続いたため、西日本を中心に広い範囲で記録的な大雨になったのです。6月28日から7月8日までの総降水量は、高知県ではなんと1800ミリを超えたところがあり、平年の7月の降水量の2倍以上となりました。雨雲のもとになる水蒸気の流れ込みが続き、いつまで続くのかと終わりが見えないような長期間の大雨が広い範囲に及んだことが特徴でした。経験したことのない大雨によって河川の氾濫や浸水、土砂災害が相次いで発生し、多くの犠牲者や行方不明者が出てしまいました。

この大雨について、岐阜県、京都府、兵庫県、岡山県、鳥取県、広島県、愛媛県、高知県、福岡県、佐賀県、長崎県の1府10県に特別警報が発表されました。**特別警報は、重大な災害が起こるおそれが著しく高まっている時に、最大級の警戒を呼び掛けるために発表される、いわば「気象庁からの最後通告」です。**この情報が出された時には、**すでに災害が起きている可能性が高く、特別警報が発表された時点でまだ安全な場所へ避難していないと、逃げ遅れてしまうおそれがあるのです。**しかし、静岡大学防災総合センターの牛山素行先生が調査した「平成30年7月豪雨時の災害情報に関するアンケート」（http://www.disaster-i.net/notes/20180803report-2.pdf）によると、西日本豪雨で特に被害が大きかった岡山県、広島県、

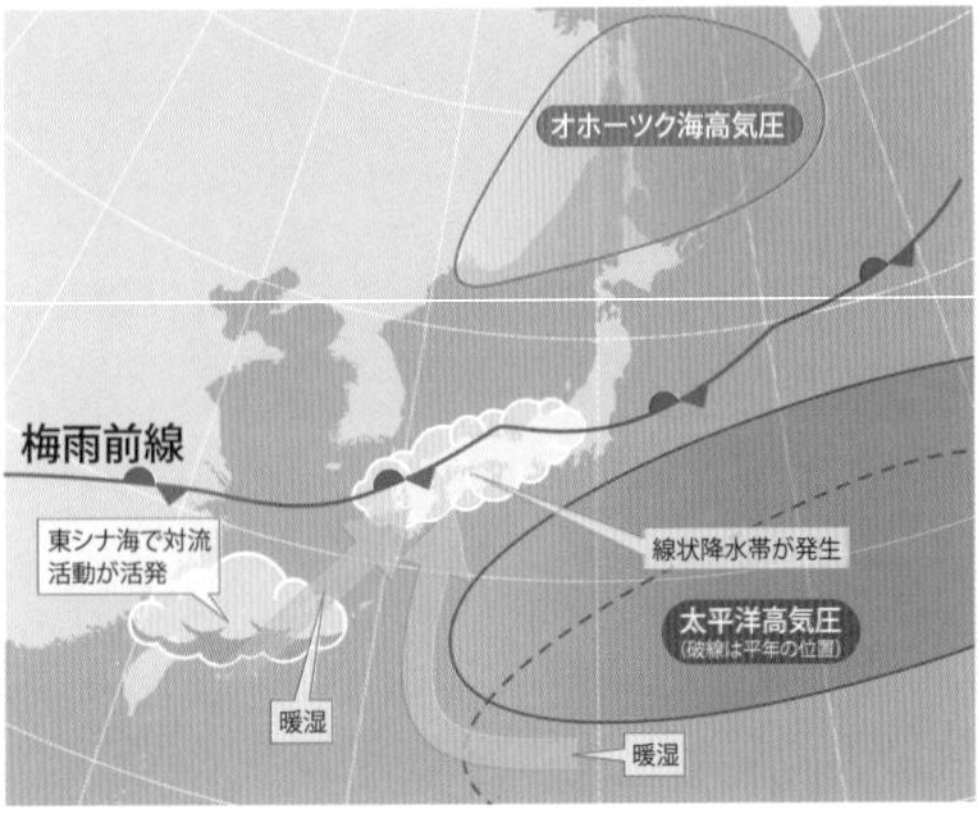

図4-2　「平成30年7月豪雨（西日本豪雨）」時の気圧配置
梅雨前線に向かって、非常に暖かく湿った空気の流入が続いた。
（参考：気象庁）

福岡県では、特別警報という情報の存在は知っていたものの、意味を適切に認知していた人は全体の半数程度にとどまりました。実際よりも大雨のレベルを低く捉えていたり、意味を知らなかったりした人が多くいたのです。

近年、特別警報のほかにも、新たな気象や防災に関する情報が次々に作られていますが、情報が複雑化して受け取る側は追いついていけないという声をよく聞きます。いくら役に立つ情報があっても、上手く利用できなければ意味がありません。**気象災害から命を守れるかは、情報を正しく活用できるかどうかにかかっています。**情報の意味を適切に伝えて、命を守るための行動に繋げる発信をすることが、私たち気象キャスターの最も重要な役割です。

川の氾濫から命を守るには直接様子を見に行くことは絶対に控えて！

西日本豪雨の被害が拡大した原因の一つに、河川の「バックウォーター現象」があります。バックウォーター現象とは、大雨によって川の本流の水位が上昇した結果、そこに流れ込むはずだった支流の水がせき止められてあふれる現象です。岡山県倉敷市では、高梁川の水位が上昇したため、支流の小田川の水が行き場をなくし、辺り一面にあふれ出して浸水の被害が拡大しました。川の合流するところでは、水が停滞したり逆流したりしやすく、特に注意が必要です。

大雨や台風の接近する時、川の様子を見に行って命を落とす人が毎年のように後を絶ちません。川の状況は直接見に行かなくても国土交通省の「川の防災情報」などインターネットのライブカメラで把握できます。水位が上がった川の様子を直接見に行くことは絶対にやめましょう。

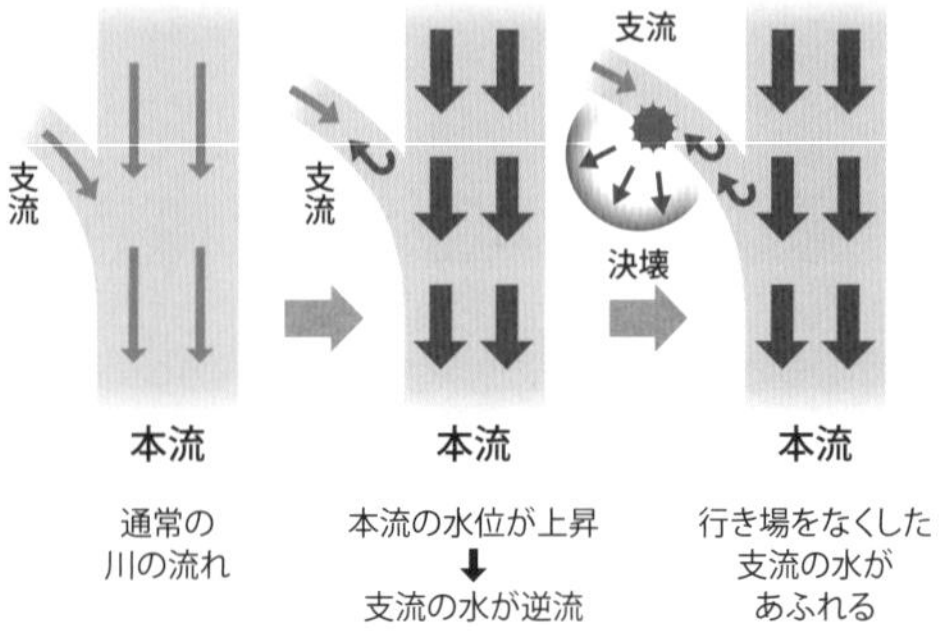

図4-3　「バックウォーター現象」のしくみ
浸水の被害を拡大させるバックウォーター。家の近くなどに川の合流部がないか確認し備えをしておくことが重要。（参考：「一番わかりやすい天気と気象の新知識」（河出書房新社））

土砂災害から命を守るには普段との違いに気付くために前兆現象を知る

国土交通省のまとめによると、土砂災害は全国で毎年、平均して約1000件程度発生しています。特に「西日本豪雨」の発生した2018年は、1982年の集計開始以降、過去最多の3459件にのぼりました。

土砂災害は、山やがけなどの斜面で土砂がすさまじい勢いで移動し引き起こされる災害で、「土石流」、「がけ崩れ」、「地すべり」の3種類があります。「土石流」は、山や谷などの土砂が長雨や集中豪雨によって水と一体となって、一気に下流へ押し流される現象です。時速20〜40㎞と自動車並みの速度で流れるため、私たち人間が全速力で走っても逃げ切れず、一瞬にして家や田畑を壊滅させてしまいます。「がけ崩れ」は雨や地震などによって地盤がゆるみ、急激に斜面が崩れ落ちることです。突発的に起こり崩れ落ちるまでの時間が短いため、家の近くで発生して逃げ遅れる人も多く、犠牲になる人の割合も高いことが特徴です。水のたまりやすい斜面や過去にがけ崩れのあった斜面の周辺は十分に注意が必要です。

斜面の一部あるいは全体がゆっくりと動く現象を**「地すべり」**といいます。地面は硬さや性質などが違う土や石が何層にも積み重なってできています。大雨によって地下にしみ込んだ水が、粘土層などのすべりやすい層に入ると、そこから上の地面がすべり出します。時には斜面全体が動くこともあり、広範囲に大きな被害を及ぼします。

土砂災害から命を守るためには、まず自分の住む地域が「土砂災害警戒区域」や「土砂災害危険箇所」といった土砂災害の起こるおそれのある場所かどうか必ず確認しておきましょう。雨が降り出したら、**「土砂災害警戒情報」**が出されていないか注意するようにしてください。土砂災害警戒情報は、土砂災害の発生する危険度が非常に高まった時に市町村ごとに発表され、これが出されたら「全員安全な場所へ避難するように」という基準になる情報です。

また、土砂災害警戒情報が発表されていなくても、自分たち自身で異変に気付くために、土砂災害の前兆現象を知っておくことも大切です。**がけにひび割れができる、小石がパラパラと落ちてくる、がけや斜面から水がわき出る、山鳴りがする、急に川の水が濁る。**こうした現象は土砂災害が発生する前触れだといわれています。特に、山やがけの近くに住む人は、周囲の様子に変化がないか気付けるようにしておきましょう。ただし、土砂災害の前兆があるということは、すでに山のどこかが崩れ始めているということです。前兆が現れるよりも前に、雨の降り方や川の水の増え方などから異変を察知し、早め早めに避難してください。そして、必ず覚えておいていただきたいことは、川の氾濫しそうな時と同じく、大雨の時には直接、山やがけなどの様子を見に行かないことです。

令和二年七月豪雨

「線状降水帯」とは、その名の通り、**線状に連なった雨雲のかたまりのことで、同じような場所に次から次へと集中的に雨を降らせることが特徴です。**線状降水帯は毎年のようにどこかで発生し、令和二年七月豪雨でも大きな被害をもたらしました。一連の大雨によって熊本県、鹿児島県、福岡県、佐賀県、長崎県、岐阜県、長野県の7県に大雨特別警報が発表されました。特に九州では、7月4日から7日にかけて、本州付近に停滞した梅雨前線の活動が非常に活発になり、記録的な大雨になりました。この時、発達した雨雲が列をなす線状降水帯が発生し、日本三大急流の一つである熊本県を流れる球磨川が氾濫して、大規模な浸水となったのです。線状降水帯は、同じような場所に停滞すると、記録的な量の雨を降らせるため、甚大な被害に繋がるおそれがあるのです。

線状降水帯の発生するしくみの一つが**「バックビルディング現象」**です。雨雲のもとになる湿った空気を運ぶ風が、山などにぶつかって上昇すると積乱雲が発生しますが、風上側で湿った風が吹き続けると、次々に同じような場所で積乱雲が生まれることになり、線状に発達した雨雲の帯が連なるので

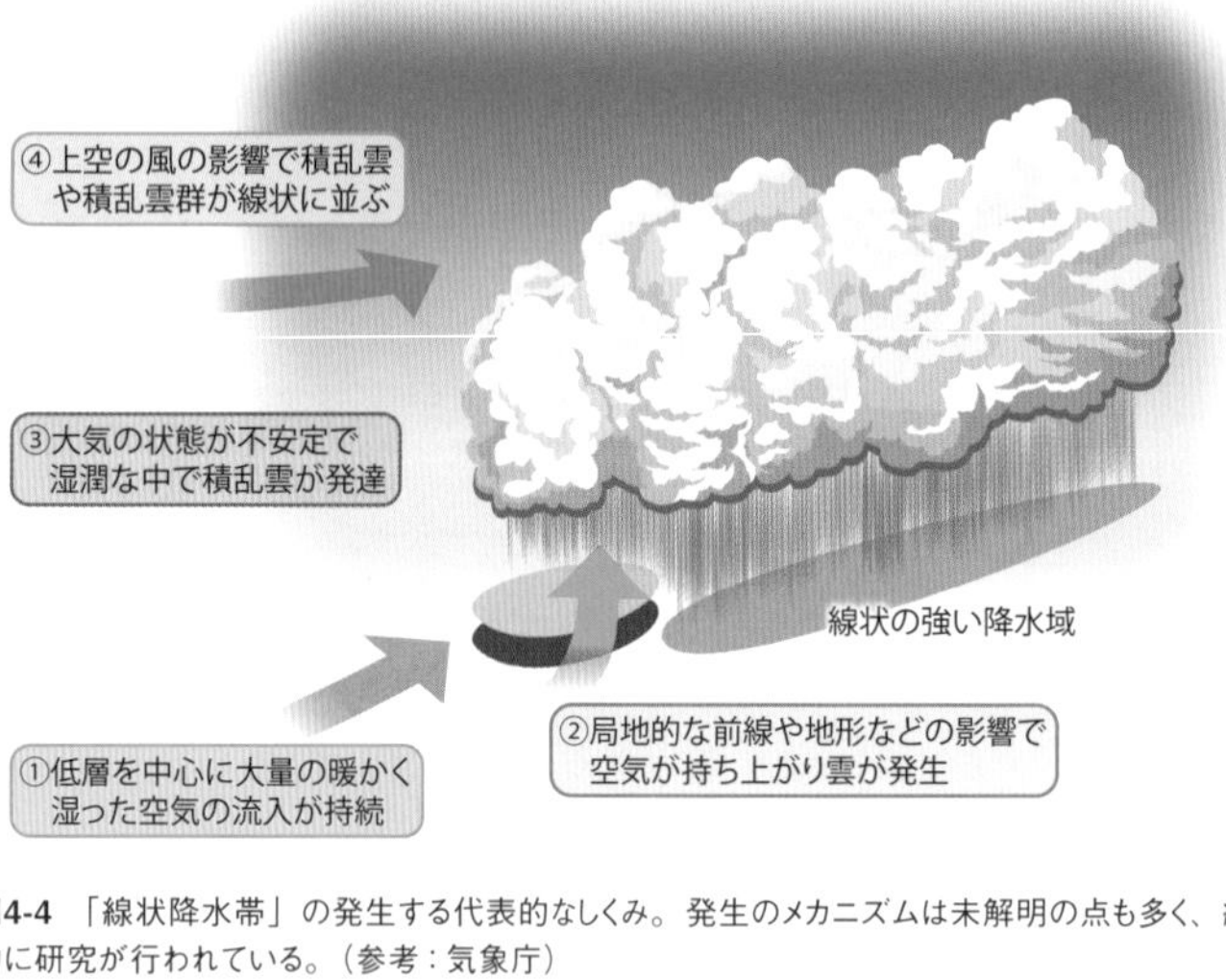

④上空の風の影響で積乱雲や積乱雲群が線状に並ぶ
③大気の状態が不安定で湿潤な中で積乱雲が発達
線状の強い降水域
②局地的な前線や地形などの影響で空気が持ち上がり雲が発生
①低層を中心に大量の暖かく湿った空気の流入が持続

図4-4 「線状降水帯」の発生する代表的なしくみ。発生のメカニズムは未解明の点も多く、継続的に研究が行われている。（参考：気象庁）

す。一つの積乱雲の寿命は30分から1時間ほどですが、線状降水帯のように連なると、数時間にわたって大雨が続くことがあります。

線状降水帯が発生した場合は、気象庁から「**顕著な大雨に関する気象情報**」が発表されます。この情報が出されたら、命に危険が及ぶ土砂災害や洪水の発生する危険度が急激に高まっているため、直ちに安全を確保してください。さらに、事前に線状降水帯の発生が予想される時には、半日程度前から「線状降水帯」というキーワードを使って、気象情報の中で警戒を呼び掛けられるので、大雨への心構えを一段高め、ハザードマップや避難経路を改めて確認しておきましょう。

ただし、線状降水帯については研究が進められているものの、いつ、どこで発生するか正確に予測することはまだ難しいのが現状です。**事前に予測情報が出されていない場合でも線状降水帯が発生したり、線状降水帯ではなくても大雨になったりすること**とはあり得るということです。私たち自身も雨の降り方がいつもとは違っていないか、周囲の様子に敏感になり、危険を察知できるように心掛けておきましょう。

増える都市型水害　命を守るためには

相次ぐ大雨によって近頃は「都市型水害」が増えています。都市型水害とは、道路の整備などが進んだ場所で起こる都市部特有の水害です。アスファルトに覆われた道路は、地面に雨水が浸み込みにくくなっています。このため、土砂降りの雨が降って雨水が一気に下水道に流れ込むと、排水が追い付かずに道路は水浸しになってしまいます。雨水は低い場所に集まるので、地下街や地下室、アンダーパスなどは、大雨の時は短い時間で急激に浸水するリスクがあり大変危険です。また、周辺に川がある場合は、雨水が川へと一気に流れ込むため、あっという間に水位が上がって濁流になってしまうこともあります。

こうした都市型水害による、車の水没事故も大きな問題です。２０１９年10月24日～26日にかけて、西日本から北日本の太平洋沿岸を低気圧が通過しました。この低気圧に向かって、暖かく湿った空気が流れ込んだことに加え、日本の東海上にあった台風21号周辺の暖湿気も流入し、大気の状態が非常に不安定になりました。この影響で関東から東北の太平洋側の広い範囲で大雨になり、千葉県と福島県では発達した雨雲がかかり続けて200ミリを超える雨が降りました。この時、千葉県内では車で移動中に水没して亡くなる事故が相次いで発生しました。大雨の際、車の中であれば安全だと思うかもしれませんが、かえって周囲の変化に気付きづらくなるおそれがあり、水没すると水圧でドアが開かず車内に閉じ込められてしまう危険もあります。

ゲリラ豪雨などで状況が急激に悪くなった時には、アンダーパスなど水のたまりやすい場所は避けるようにしてください。いざという時に備え、窓ガラスを割って脱出するためのハンマーを備えておくことも有効な対策です。そして、大雨の時は車で逃げるのは危険と心得て、なるべく徒歩で、状況が悪化する前に避難するようにしましょう。

令和元年房総半島台風　台風の中心から右側で猛烈な風に

令和の時代の幕開けとなった2019年は、関東地方に立て続けに台風が接近し、大きな被害が起きた年でした。気象庁は、未来の世代に災害の経験や教訓を伝えるため、顕著な災害を引き起こした自然現象に対して名称を定めています。この年の台風

15号を「令和元年房総半島台風」、台風19号を「令和元年東日本台風」と定めました。

9月9日、千葉県・千葉市付近に上陸した台風15号は、関東を中心に記録的な暴風をもたらしました。千葉県内では、千葉市で観測史上最も強い最大瞬間風速57.5m／sの猛烈な風が吹き、市原市でゴルフ練習場の鉄柱が倒壊したほか、猛暑の中、長期間に渡る停電が続くなど大きな被害が出ました。千葉県を中心に風の被害が大きくなった理由は、台風の進んだ経路にあります。台風15号は伊豆諸島付近を北上した後、東京湾のほぼ真上を通過して北

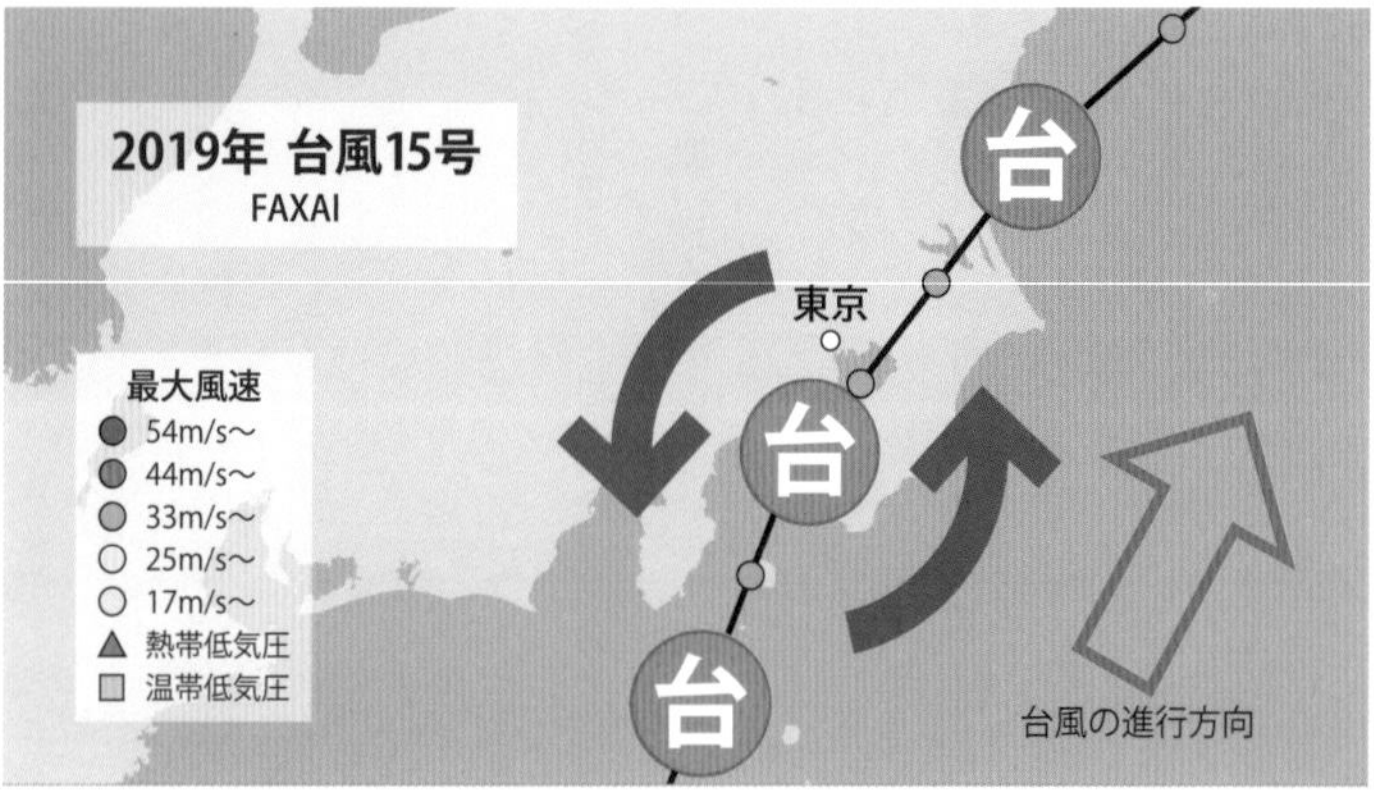

図4-5 「令和元年房総半島台風」の経路
台風は東京湾のほぼ真上を通過。台風の中心の右側から東側で暴風の被害が拡大した。（出典：ウェザーマップ）

東に進みました。台風周辺の風は反時計回りに吹いているため、台風の中心から見て右側は、台風に伴う風と台風を移動させる風の流れる方向が一致するため、風が強まりやすいのです（ただし、台風の中心から見て左側は風が弱いというわけではないので、要注意です）。

令和元年東日本台風　いざという時は「キキクル」の活用を

さらに、翌月12日には台風19号が静岡県・伊豆半島に上陸し、東日本から東北太平洋側まで広い範囲で大きな被害が出ました。台風19号は15号とは違って、風ではなく、雨の被害が大きくなりました。台風と一口に言っても、一つ一つ特徴が異なるため、どんな被害が出るかも違ってきます。

台風19号は関東をはじめとした東日本を中心に、かつてないほどの記録的な大雨をもたらしました。神奈川県箱根町ではわずか1日で922.5ミリもの雨が降り、歴代全国1位の記録になりました。大雨によって各地で堤防が決壊し、千曲川や多摩川などの大規模な河川が氾濫、浸水害や土砂災害が広範囲に及びました。長野県内で北陸新幹線が水没したほか、神奈川県川崎市のタワーマンションでは電気系統の設備が浸水し、長期間の停電になったことも大きな問題になりました。この大雨については、特別警報が関東甲信地方をはじめ、静岡県、新潟県、福島県、宮城県、岩手県の1都12県に発表されました。

台風19号が想像を上回る大雨をもたらしたのは複数の要因が重なったためです。台風が発達するためのエネルギーは、温かい海から補給される水蒸気です。日本の南の熱帯の海は海面水温が非常に高く、水蒸気が豊富ですが、台風が北上し、陸地に近づくにつれて乾いた空気が入りやすくなります。

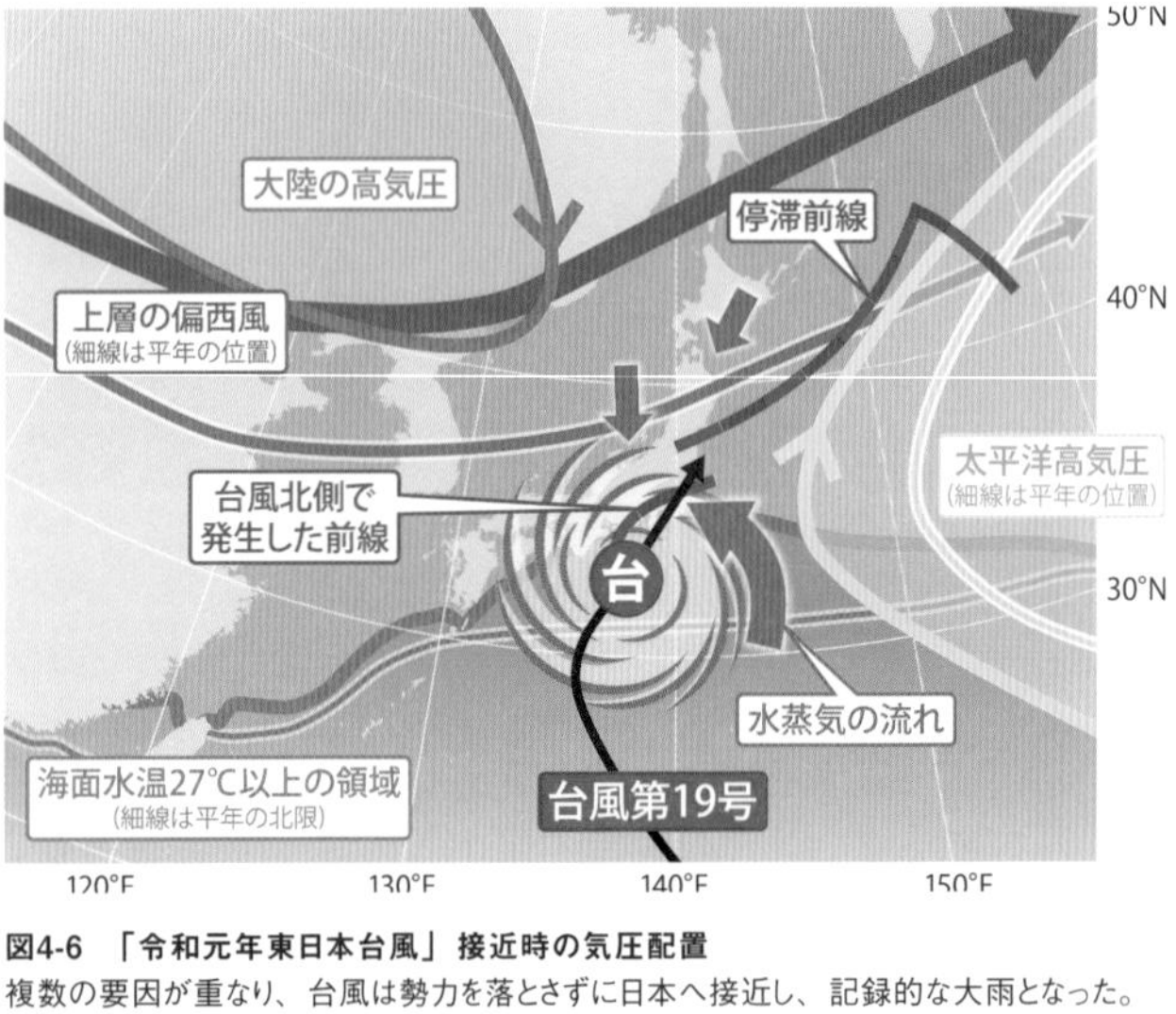

図4-6　「令和元年東日本台風」接近時の気圧配置
複数の要因が重なり、台風は勢力を落とさずに日本へ接近し、記録的な大雨となった。
（気象庁のデータを元に作成）

このため、通常、台風は北上して日本に近づくと少しずつ衰えていくはずです。ところが、当時は日本周辺の海面水温が平年より1~2℃高かったため、勢力をあまり落とさずに接近しました。さらに、関東付近に局地的な前線があったことも記録的な豪雨の原因です。この前線は、台風が南から送り込む暖かく湿った空気と北側の冷たい空気の間で形成されました。また、これとは別に東北にも停滞前線がありました。台風が持ち込む湿った空気が前線の活動を活発にしたため、さらに雨量が多くなったのです。

大雨が予想される時に活用して欲しいのが**「危険度分布（キキクル）」**です。**これは、いま、どこで、どんな災害の危険度が高まっているのかを一目で確認できる情報**で、気象庁のホームページで調べられます。現在、危険度分布の色分けは5段階あり、最も上のランクが黒です。黒は「すでに災害が発生している可能性が高い状況」であることを示しています。ですから、黒の段階で、まだ避難をしていないということは逃げ遅れてしまうおそれがあります。大事なのは黒になるまでの紫色の段階までに、危

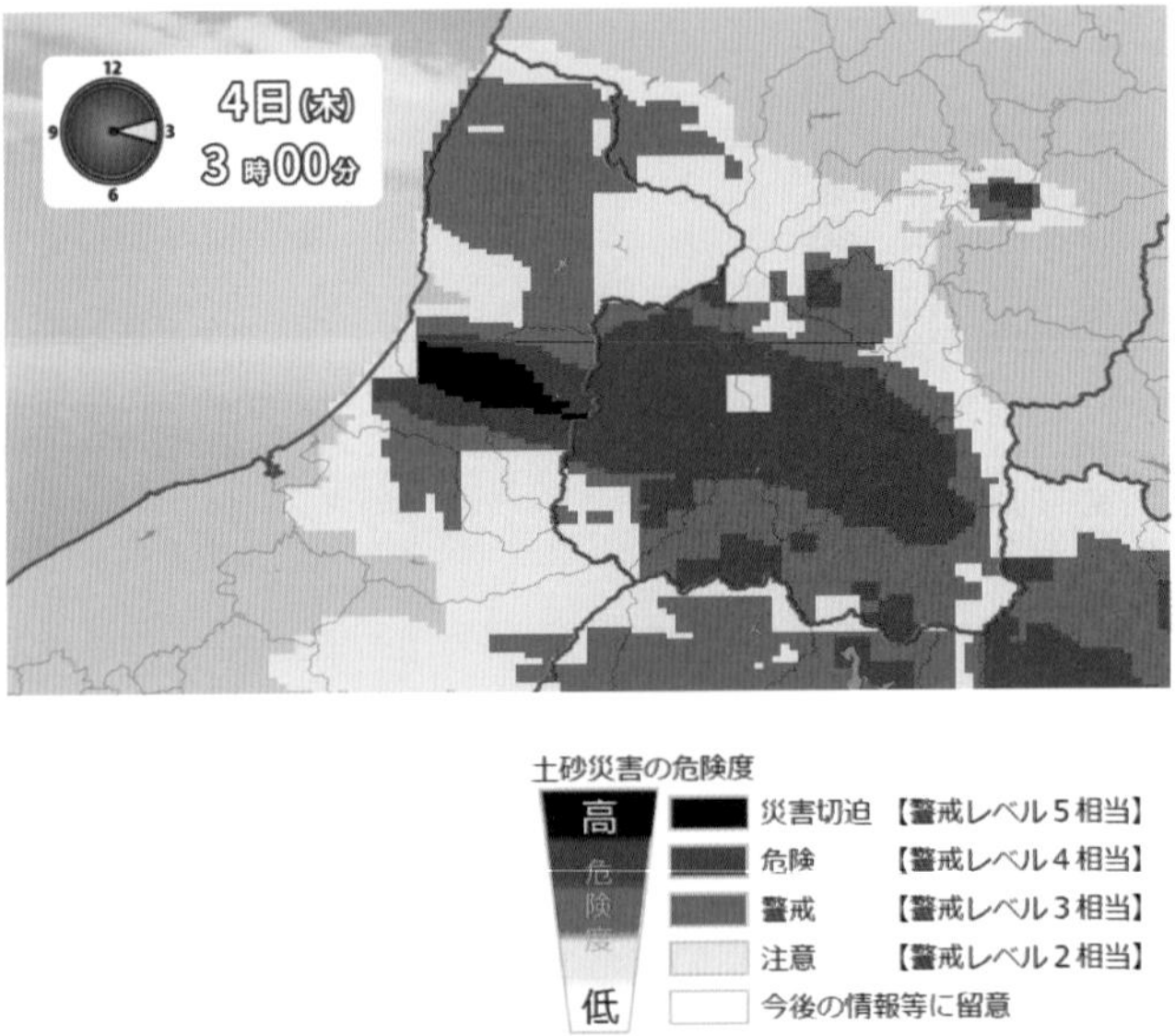

図4-7 「危険度分布（キキクル）」と色分けの基準
キキクルはスマートフォンで即座に今いる場所の災害の危険度を確認できる。紫色までに危険な場所から避難することが鉄則。（出典：ウェザーマップ）

ないところにいる人は全員避難をしておくことです。お年寄りや小さなお子さんなど避難に時間のかかる人が家族にいる場合は、できれば赤の段階までに避難を済ませておくようにしましょう。

2018年台風21号　高潮により関西国際空港で滑走路が浸水

2018年9月4日正午頃、台風21号は非常に強い勢力で徳島県南部に上陸し、午後2時頃に兵庫県神戸市に再上陸しました。この台風によって、近畿地方では猛烈な風が吹き、台風の接近に伴って、大阪市では急激に潮位（海面の高さ）が上昇しました。それまでの大阪市の潮位は、1961年に第2室戸台風が接近した時の2メートル93センチが最高記録でしたが、これをはるかに上回る3メートル29センチを観測したのです。記録的な高潮によって、関西国際空港では滑走路やターミナルビルが浸水し、強風によって流されたタンカーが空港の連絡橋に衝突して通れなくなったため、多くの利用客や空港で働く人たちが一時孤立しました。

高潮とは、台風や低気圧が通過する時、海面が盛り上がり、潮位が大きく上昇することです。主に**「吸い上げ効果」**と**「吹き寄せ効果」**という2つの原因によって起こります。中心気圧の低い台風や低気圧が近づくと、気圧の高い周りの空気は海水を押し下げます。一方、台風などの中心の空気は海水を吸い上げるように働く結果、海面が上昇するのです。これが「吸い上げ効果」です。「吹き寄せ効果」とは、台風や低気圧に伴う強い風が海岸に向かって吹く時に起こります。強風によって、海水は海岸に吹き寄せられて、海岸付近の海面が高くなります。遠浅の海や風が吹いてくる方向に開いた湾で、吹き寄せ効果が大きく、高潮が発生しやすくなります。海面は約半日の周期でゆっくりと上下に変化していて、一番高い状態を満潮、一番低い状態を干潮といいます。満潮と台風の接近が重なると、高潮の被害が大きくなるおそれがありますが、満潮時以外でも被害は発生しているため安心できません。特に海水温の高い夏から秋にかけては、海水が膨張するため、1年の中で最も潮位が高く、台風の接近も増えるため、高潮に十分気を付けたい季節です。

異例の進路をとった「逆走台風」

台風は日本に近づくと、西から東へと進むイメージを持っている人は多いと思います。しかし、時には「東から西」へと一般的なイメージとは逆の方向へ進む台風もあるのです。2016年の夏は私が気象予報士の仕事に就いて、初めて迎えた出水期（集中豪雨や台風などで川が増水しやすい時期）でした。この年は北海道に相次いで3つの台風が上陸するなど異例続きでしたが、中でも記憶に強く残っているのは台風10号です。台風10号は8月21日に四国の南で発生した後、しばらくは南へ進みました。経験の浅い私はこのま

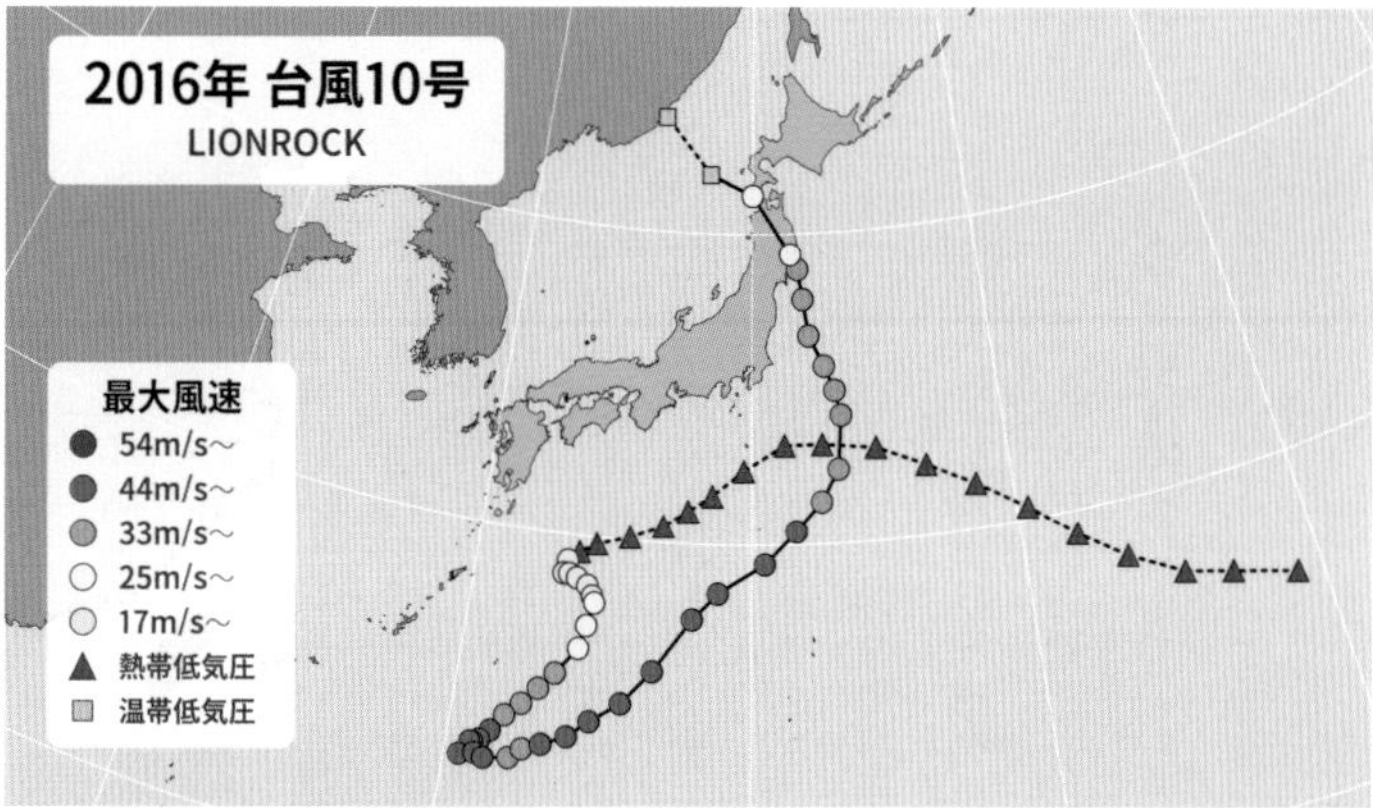

図4-8　2016年台風10号の経路図
台風が東北太平洋側に上陸したのは1951年の統計開始以降初めて。（出典：ウェザーマップ）

ま日本から遠ざかるものだと思っていました。しかし、沖縄県の南大東島付近で、北東に向きを変えたのです。日本付近への張り出しを強めた太平洋高気圧の風に流されて北上し、再び本州へ近づき30日に岩手県大船渡市付近に上陸しました。台風10号の辿った経路を振り返ると、Uターンしているように見えます。この台風による大雨で岩手県の小本川が氾濫し、近くの高齢者施設の入所者が逃げ遅れて犠牲になりました。

そして、2018年の夏もまた逆走する台風によって被害が出ました。本州の南を北上していた台風12号は進路を西向きに変えました。台風は周りの風に流されて進みますが、四国の南海上にあった寒気を伴う低気圧、寒冷渦と作用し合って、寒冷渦の周りを通るような動きになりました。この台風の影響で、7月28日、神奈川県小田原市の海沿いを走る国道では乗用車やパトカーが高波に飲まれ、静岡県熱海市のホテルでは高波が窓ガラスを突き破るなどの被害が出ました。こうした異例の進路を取った台風を経験してから、どんな台風であっても、いつも自分の常識を疑って、一つ一つ真摯に向き合わなければいけないと心にとどめています。

２０１８年・２０２２年「災害級の暑さ」が話題に猛暑の記録は塗りかえられ続けるのか

「危険な暑さ」、「災害級の暑さ」ということばが当たり前のようにニュースや天気予報で使われるようになりました。暑さに関する用語として、最高気温が25℃以上の「**夏日**」、30℃以上の「**真夏日**」、35℃以上の「**猛暑日**」、夜間の最低気温が25℃を下回らない「**熱帯夜**」があります。しかし、最近は現在あるこれらのことばではどうにも対応しきれないほどの極端な暑さが頻発しています。２０１８年7月23日には埼玉県・熊谷市で国内の観測史上最高の気温41．１℃が観測されました。この年は西日本・東日本を中心に厳しい暑さが続き、熱中症によって亡くなった人は１５００人を超えました。年末に発表される流行語には「災害級の暑さ」が選ばれるほど暑さが印象に残った年で、「**熱中症は命に関わる気象災害だ**」ということが決して大げさではないと一気に認識されるようになったのではないかと思います。

4年後の２０２２年には、またも新たな記録が出る深刻な猛暑となりました。まだ6月だというのに、早くも西日本や東日本を中心に猛烈な暑さとなり、6月25日には群馬県・伊勢崎市で最高気温40・2℃を観測したのです。6月に40℃を超えるのはもちろん全国で初めてのことですし、東京都心でも6月25日から過去最長の9日連続で猛暑日となりました。

2018年と2022年に共通しているのは、日本付近で2つの高気圧が勢力を強めたことです。一つは夏に晴天と暑さをもたらす太平洋高気圧です。さらにその上空を大陸からチベット高気圧が覆いました。2つの高気圧の直下では下降気流が一層強まります。空気が下降する時、圧縮されながら

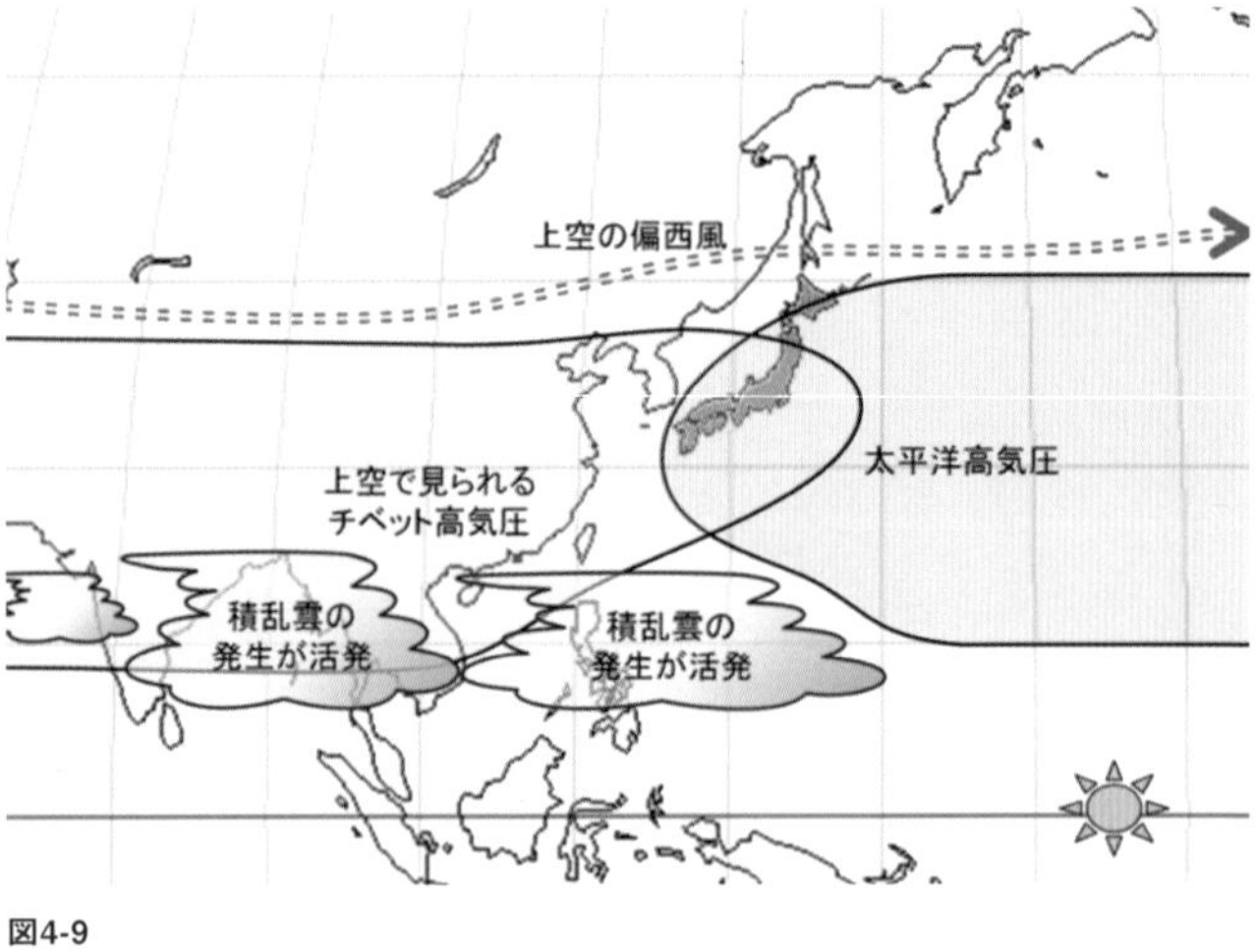

図4-9
「太平洋高気圧」や「チベット高気圧」の勢力が強まると猛烈な暑さになりやすい。（出典：気象庁）

温度が上昇するため、地上付近に熱が蓄積して気温の高い状態が続いたのです。

熱中症を防ぐために事前にできる対策の基本は、120ページでお伝えした通り、屋内外を問わず、こまめに水分補給をして、厳しい暑さの時は冷房のきいた涼しいところで過ごすことです。もし、体調が悪くなり熱中症が疑われる時は、すばやく涼しい場所に移動して、氷や冷えたペットボトルなどの飲料で身体を冷やしてください。首の付け根やわきの下、太ももの付け根の前面など太い血管が通る場所を冷やすと、早く体温を下げる効果があります。熱中症は命の危険に関わるものだと考えて、迅速に応急処置をしましょう。

猛暑をもたらす「フェーン現象」とは？

海風が吹く沿岸の地域に比べて、内陸では記録的な高温を観測しやすいですが、その理由として知られるのが「フェーン現象」です。「フェーン現象」とは、山越えの

風によって風下側である山のふもとの気温が上昇する現象です。山から熱風が吹き下りるようなイメージです。２０１８年に埼玉県熊谷市で国内史上最高の41.１℃を観測した日も、フェーン現象が発生しました。東京都心部でめったに40℃クラスの高温にならないのは、東京湾から海風が入りやすいためです。内陸にある埼玉県は、海風がたどり着くまでに時間がかかります。さらに、その海風はヒートアイランド現象（エ

埼玉県熊谷市のデパートに毎年、注意喚起のため設置される大温度計。現地はドライヤーの熱風に当たり続けているような体感。

アコンや自動車、アスファルトなどが原因の人工的な熱）の影響で都心部を通ってくる間に温められるのです。このため、海からの風が吹いても気温の上昇は抑えられず、記録的な暑さになりやすいのです。

猛暑は世界全体で問題に地球温暖化も原因

2022年の夏は、ロシアのウクライナ侵攻の影響を受けて節電が求められたり、新型コロナウイルスの流行も続く中で、熱中症とコロナの症状の区別が付きづら

図4-10　夏場に極端な高温の原因になりやすい「フェーン現象」。空気は下降するときに圧縮されて温度が上がる。（熊谷地方気象台ホームページの模式図を元に作成）

かったりといくつもの厳しい要素が重なりました。この年、日本だけでなくヨーロッパでも暑さの記録が更新されました。イギリスではコニングスビーで国内最高記録となる40．3℃を観測したほか、フランスやスペイン、ポルトガルでも猛烈な暑さが続いて、大規模な山火事の被害が深刻になりました。

こうした猛暑の原因の一つとして地球温暖化が挙げられています。私たちの想像以上に温暖化の進むスピードは速いようです。全く喜ばしくないことですが、猛暑の記録は今後も次々に上書きされていくのかもしれません。

ＪＰＣＺに伴う大雪　大規模な交通障害が発生

地球温暖化の影響もあり冬でもあまり雪が降らずに、スキー場で雪不足が深刻になることがあります。その一方で、短時間に集中して大量の雪が降ることもあり、雨と同じように災害につながることがあります。特に**ＪＰＣＺ**（日本海寒帯気団収束帯）が発生する時は十分な警戒が必要です。ＪＰＣＺとは、日本海上で発達した雪雲の帯のことです。冬に大陸から吹く冷たい風は朝鮮半島北部にある長白山脈にぶつかると二手に分かれ、その後、日本海上で再び合流して、およそ１０００㎞にも連なる帯状の雪雲となるのです。ＪＰＣＺは風向きによって発生する位置が変わるため、東北の日本海側から北陸、近畿北部、山陰にかけて、どの方向を向いて発達しているかによって大雪のエリアは変化します。

真冬はもちろんのこと、冬の始まりは雪国の人でも、まだ大雪への備えが十分でないことがあり油断禁物です。日本海の海面水温が

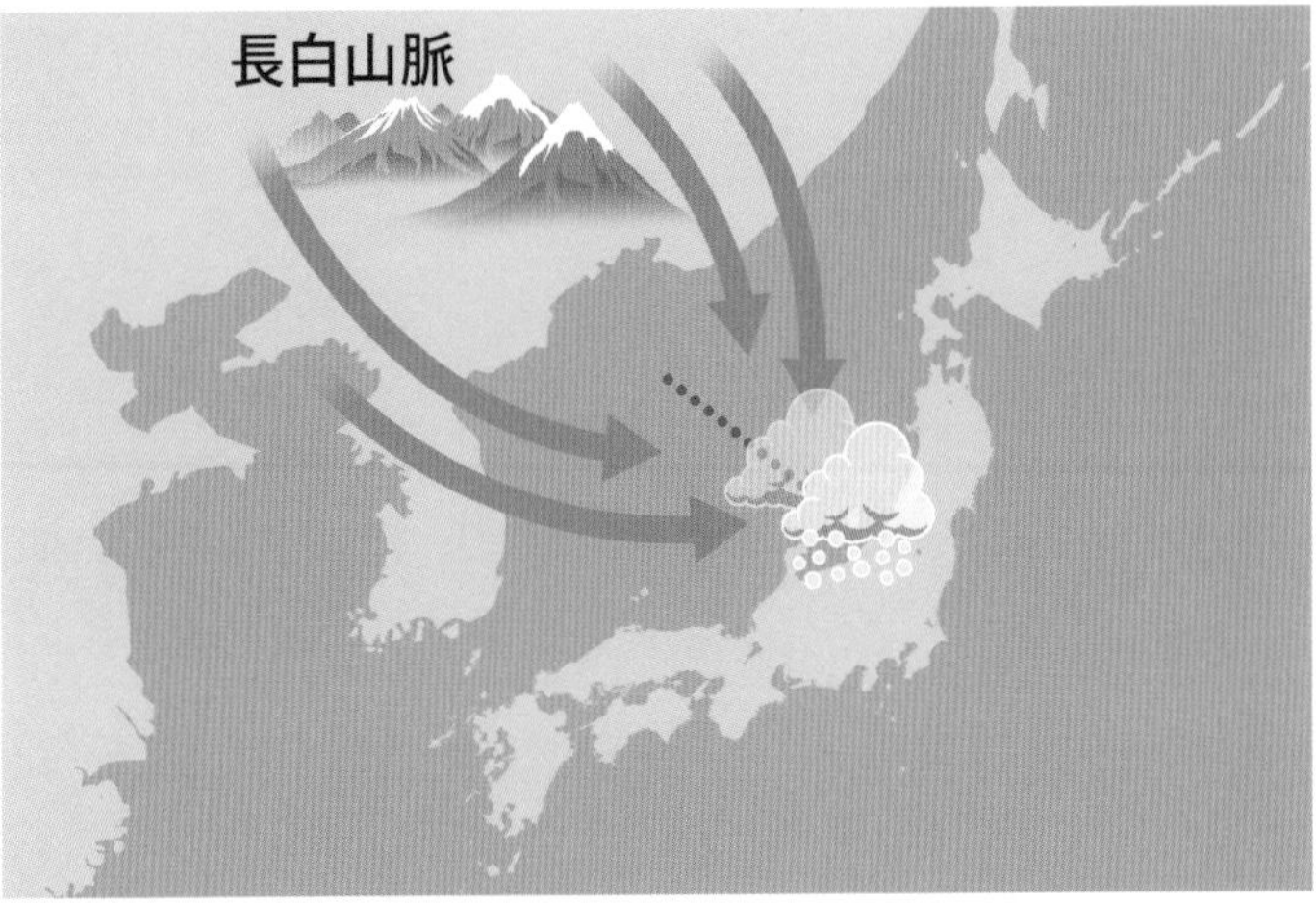

図4-11　JPCZ（日本海寒帯気団収束帯）のしくみ
「JPCZ」の指向する方向によって大雪になる場所が変わる。短時間に大量の雪が降る「ドカ雪」の原因になりやすい。

最も下がるのは平年だと2月～3月頃です。海は大気に比べて温まりにくく冷めにくいため、気温が最も低くなる時期とは少しズレがあります。晩秋から初冬にかけての頃はまだ日本海が冷めきっていないことが多く、そこへ大陸から強い寒気が押し寄せると、上空と海面との温度差は真冬以上に大きくなり、大気の状態が非常に不安定になります。このため、雪雲は発達しやすく、大雪につながるおそれがあるのです。

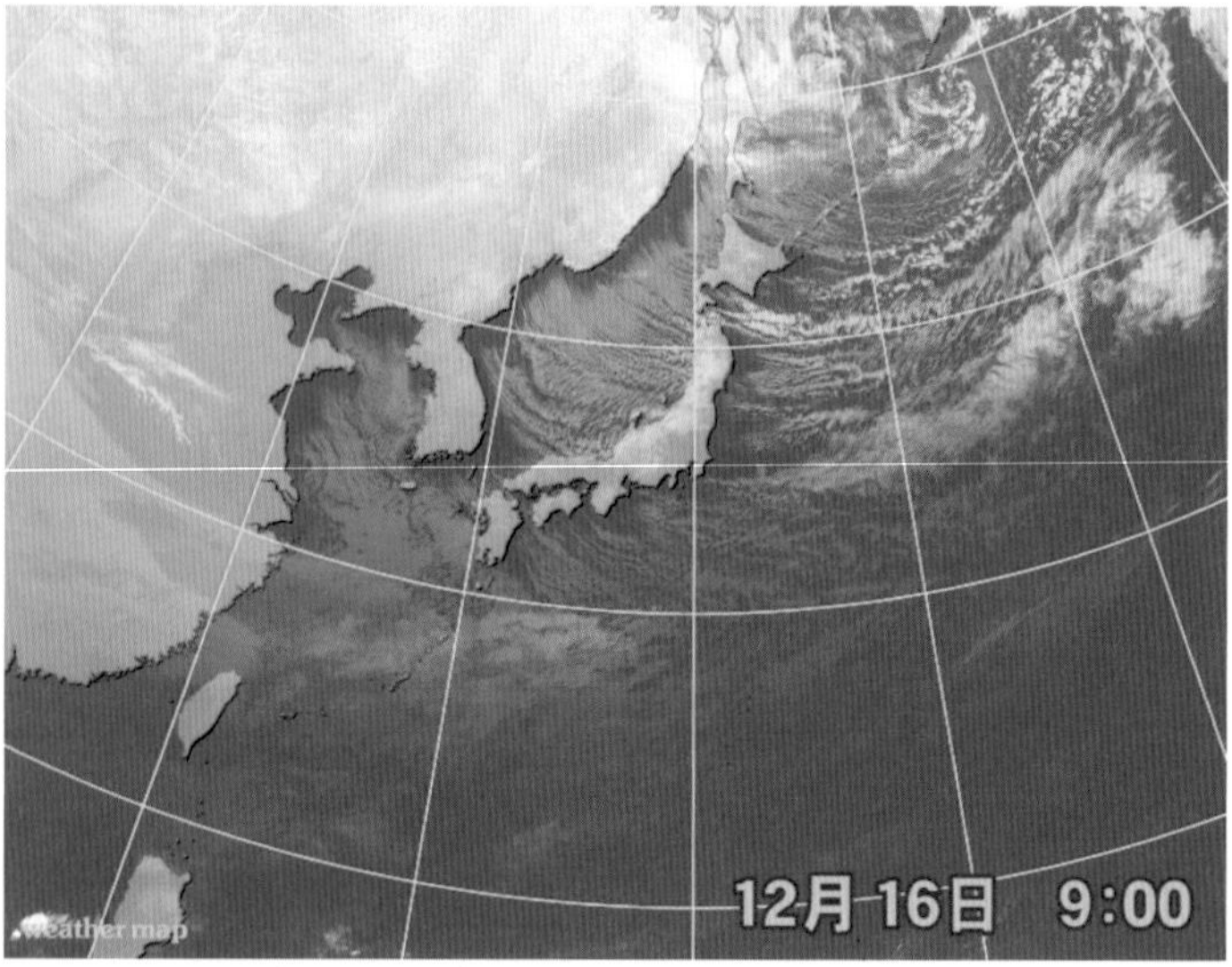

図4-12 日本海には「筋状の雲」がびっしり。上空に流れ込む寒気が強い証拠。太平洋上でも再び雲が発生していることが分かる。（出典：ウェザーマップ）

短い時間での大雪、いわゆる「ドカ雪」によって問題になるのが交通障害です。２０２０年12月15日から16日にかけて、新潟県・湯沢や群馬県・藤原では24時間の降雪量が１ｍを超えて、観測史上１位の記録的な大雪になりました。関越自動車道は長期間に渡って通行止めとなり、約２１００台の車両が巻き込まれるなど大きな影響が出ました。当時の様子を気象衛星の画像で振り返ると、日本海上にはびっしりと筋状の雲が並んでいます。筋状の雲と大陸との距離**「離岸距離」**が短いほど、寒気が強烈だという意味です。

短い時間に雪が強まって、今後も続くと見込まれる時、気象庁からは**「顕著な大雪に関する気象情報」**が発表されます。こうした時は大規模な交通障害が発生することが心配されるため、一層の警戒が呼び掛けられます。雪は雨に比べて観測地点が大幅に少ないので、いま、どこでどれくらいの雪が積もっているのか現状を把握するのが難しいこともあります。そんな時に活用してほしいのが**「解析積雪深」**や**「解析降雪量」**です。これらは雪の観測を行っていない地点も含めて、面的に積雪や降雪の現状を知ることができる情報です。大雪の中で車の運転をする時は、雪国の人であっても十分な備えは必要です。場合によっては予定を変更することも考慮して、最新の情報を確認するようにしてください。どうしても運転する必要がある場合は、車の中に暖を取るための毛布などの防寒具、車のマフラー部分の雪をよけるためのスコップ、外で作業をする時のための長靴や軍手、懐中電灯、食料、などを準備しておきましょう。

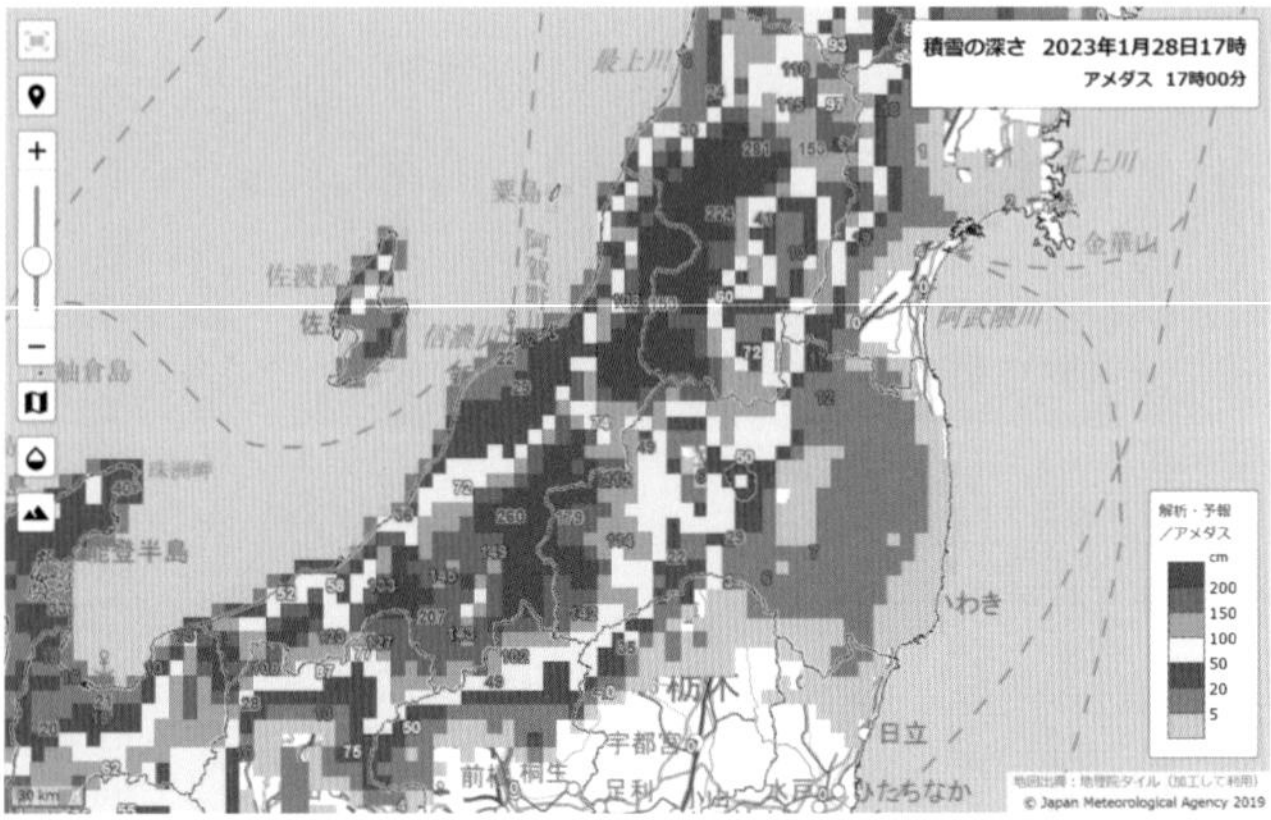

図4-13
気象庁の「今後の雪」では、解析積雪深・降雨量・6時間先の予測を確認できる。
（出典：気象庁）

雪が降った後にも災害は起きる
雪崩や落雪、除雪作業中の事故にも注意

雪は降る時だけでなく、降り積もった後や解ける時にも災害を引き起こすことがあります。2017年3月27日、栃木県那須町のスキー場で高校生ら8人が雪崩《なだれ》に巻き込まれて亡くなりました。雪のシーズンの終盤を迎えた矢先に、若い世代の命が奪われた痛ましい事故として記憶に強く残っています。

雪崩は大きく分けて二種類あります。真冬に多いのは「表層雪崩」です。すでに雪が積もっている場所で大量の雪が降った時、新しく降った雪が古い雪の上を滑り落ちる現象です。暖かくなり始める春先には、地面に積もった雪全体が滑り落ちてくる「全層雪崩」が発生しやすくなります。表層雪崩の場合、雪の滑り落ちるスピードは時速100㎞～200㎞と新幹線並みだとされています。特に低い木や草などしか生えていない急な斜面は雪崩が起きやすいため、急激に雪が強まった時や気温の上昇する時は近づかないようにしてください。

また、大雪の後には除雪作業による事故も毎年多く発生しています。雪の多い年に

は除雪作業中に１００人を超える人が命を落としています。ふわふわとしたイメージのある雪ですが、実際は非常に重たく、積もった雪が落ちてくると非常に危険です。雪下ろしなどの除雪作業をする時は、必ず命綱を付けて複数人で行ってください。一人で作業をしていると、何かあった時に発見が遅れるかもしれません。自宅や近所だからと油断せず、すぐに助けを呼べるように携帯電話を身に付けておくことも大切です。また、除雪機に指が巻き込まれるなどの事故にも十分な注意が必要です。雪が詰まった時は必ずエンジンを切ったことを確認して、素手ではなく棒などを使って取り除いてください。大雪が続くと日常生活に支障が出るため、必要な作業ではありますが、除雪は大変な重労働です。大事なことは、無理をせず、体調が悪い時などは作業を控えるようにしましょう。できることならお年寄りには周囲の若い方が声を掛けてみてあげてください。

誰もが陥る正常性バイアス

災害が発生しそうな時は、手遅れになる前に一早く避難を始めることが大事です。

しかし、そうとはわかっていても、自主的に避難をするのはとても難しいことですよね。それは私たちの誰しもに**「正常性バイアス」**と呼ばれる心の働きが備わっているからです。**正常性バイアスとは、何か異常な事態が起きた時に平常心を保とうとする、心のブレーキのようなものです。**私たちの人生には毎日、小さなことから大きなことまで予想できないことが連続して起こります。そんな時、いつもいつも焦ってばかりいては生きていけませんから、気持ちを落ち着かせるために正常性バイアスは役に立ってくれます。ですが、災害が迫っている時は、正常性バイアスを取り払い、一人一人がいまできる最善の行動を取るようにしましょう。

災害時こそ見てほしい　テレビで伝える天気予報

最新の情報を得るためにはテレビのほかにもインターネットなどの様々な手段がありますが、私は**災害の起こりそうな時こそテレビの天気予報を見てほしい**と考えています。最近はお天気アプリを使って、自分の登録した地域の予報をピンポイントで確認する人も多いですよね。もちろん、普段なら自分の生活範囲内の予報だけ知ることができればそれで十分だと思います。

お天気アプリと違って、テレビは全国の予報を広く伝えるので、自分に直接関係ない地域の情報が入ることもあります。あなたが東京に住んでいる人だとしたら、東北や九州の大雨は直接関係のないことでしょう。ですが、もしかしたら大雨になっている地域が自分の家族など大切な人のいる地域だという場合があるかもしれません。災害が発生しそうな時、私たち気象キャスターやニュースキャスターからも当然避難の呼び掛けは行いますが、家族や友人などの身近な人からの声掛けが何より心に響くはずです。テレビで大雨のニュースや天気予報を見て、自分の住む地域は安全でも大切な人が暮らす地域で災害が予想されている時は、ぜひあなたから直接連絡を取ってみてあげてください。

そして、いつか自分のいまいる地域で同じような大雨になり災害が起きる可能性だってゼロではありません。自分と直接関わりのある情報だけを求めてしまうと、もしかしたら本当は必要な情報やいつか役に立つ情報を見逃してしまうおそれがあると思うのです。

変わりゆく防災気象情報

近年発生した甚大な気象災害とともに、いざという時に活用してもらいたい情報について紹介してきましたが、数が多く全てを把握するのはハードルが高いことです。そこで、数多くある気象情報や防災情報を5段階にレベル分けすることで、私たちは「いつ、どんな行動を取ればよいのか」を直感的に分かりやすく伝えるために始まったのが**「5段階の警戒レベル」**です。警戒レベルの運用が始まった背景には、「防災に関する情報は種類が多すぎて分かりにくい」という声がありました。

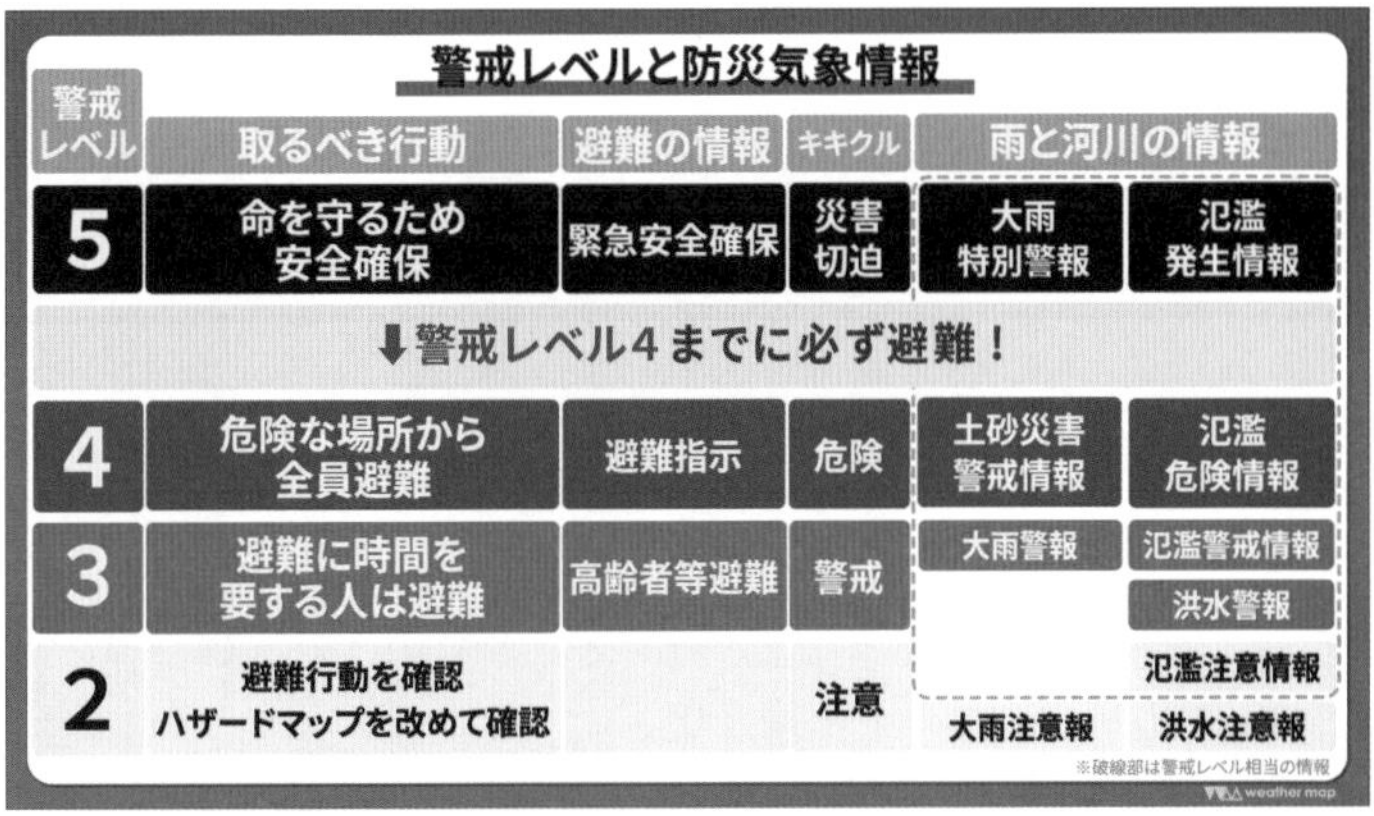

警戒レベル	取るべき行動	避難の情報	キキクル	雨と河川の情報	
5	命を守るため安全確保	緊急安全確保	災害切迫	大雨特別警報	氾濫発生情報
↓警戒レベル4までに必ず避難！					
4	危険な場所から全員避難	避難指示	危険	土砂災害警戒情報	氾濫危険情報
3	避難に時間を要する人は避難	高齢者等避難	警戒	大雨警報	氾濫警戒情報
					洪水警報
2	避難行動を確認 ハザードマップを改めて確認		注意		氾濫注意情報
				大雨注意報	洪水注意報

図4-14　最も上の「警戒レベル5」＝「すでに災害が発生している状況」。上のランクになるのを待たずに周囲の状況を確認して避難をすることも重要。（出典：ウェザーマップ）

一番上の**「警戒レベル5」は、すでに災害が発生している状況**です。この段階になると命を守るために、最善の行動をするほかありません。**重要なのは、「警戒レベル5」を待たずに、「警戒レベル4」までの段階で、避難を完了して安全を確保しておくこと**です。警戒レベル4の情報が出されたら、災害が想定されている区域など危ないところにいる場合は、「全員避難」をする必要があります。お年寄りなどの避難に時間のかかる人は、「警戒レベル3」までに避難を開始してください。

しかし、市町村など自治体が出す「避難指示」と気象庁などが発表する雨や河川などに関する情報が同じ警戒レベルでも、発表のタイミングが必ずしも同時になるわけではありません。避難情報は、気象情報を判断材料の一つとして、様々な状況を考慮して発表されます。このため、情報の受け手である私たちも周囲の状況をよく見て「自主的に避難する」必要があると覚えておいてほしいです。

地球温暖化が進む未来　気候難民も

世界ではいま、気候の変化が原因で住む場所を追われるいわゆる**「気候難民」**が増えています。「気候難民」とは、極端な豪雨や異常な暑さ、長期間にわたる干ばつなどによって故郷を離れて移住せざるを得なくなる人々のことです。本来「難民」とは、国際法では戦争や迫害から逃れるために国境を越えて外国に避難した人々のことをいいますが、「気候難民」は国内外を問わず移動を強いられた人のことを指して使われています。このまま地球温暖化が進むと、洪水や干ばつがますます増加し、2050年までに世界では途上国を中心に12億人を超える気候難民が出てしまうという予測もあります。特に大きな影響を受けるのが、サハラ砂漠より南のアフリカの地域だといわれています。発展途上国は災害によってひとたび大きな被害を受けると、立ち直るだけの経済力がなく、深刻な状態に陥ります。

地球温暖化の原因とされる二酸化炭素などの「温室効果ガス」は、18世紀の産業革命以降、急激に増えました。私たちは石油などの化石燃料を使用することで豊かな生活を送れるようになりましたが、その一方で地球の環境に負担を掛けてきました。2021年に発表されたＩＰＣＣ（気候変動に関する政府間パネル）の第6次報告書では、「人間の影響が大気、海洋及び陸域を温暖化させてきたことには疑う余地がない」という強い表現が記されました。**地球温暖化の原因は人間活動によるものだとはっきり言い**

切ったのです。

なぜ地球温暖化が進むと、気象災害が増加するのでしょうか。その理由は「気温」と「飽和水蒸気量」の関係にあります。飽和水蒸気量とは、ある温度の空気が限界まで含むことのできる水蒸気の量です。気温が高くなるほど、飽和水蒸気量は大きくなります。つまり、暖かくなるほど、たくさんの水蒸気を含むことができるということです。水蒸気とは雨雲を作るもとですから、**大気中に大量の水蒸気があるとその分、雨雲をたくさん作ること**ができます。このため、温暖化によって気温が高くなると、雨雲は発達しやすく、大雨も

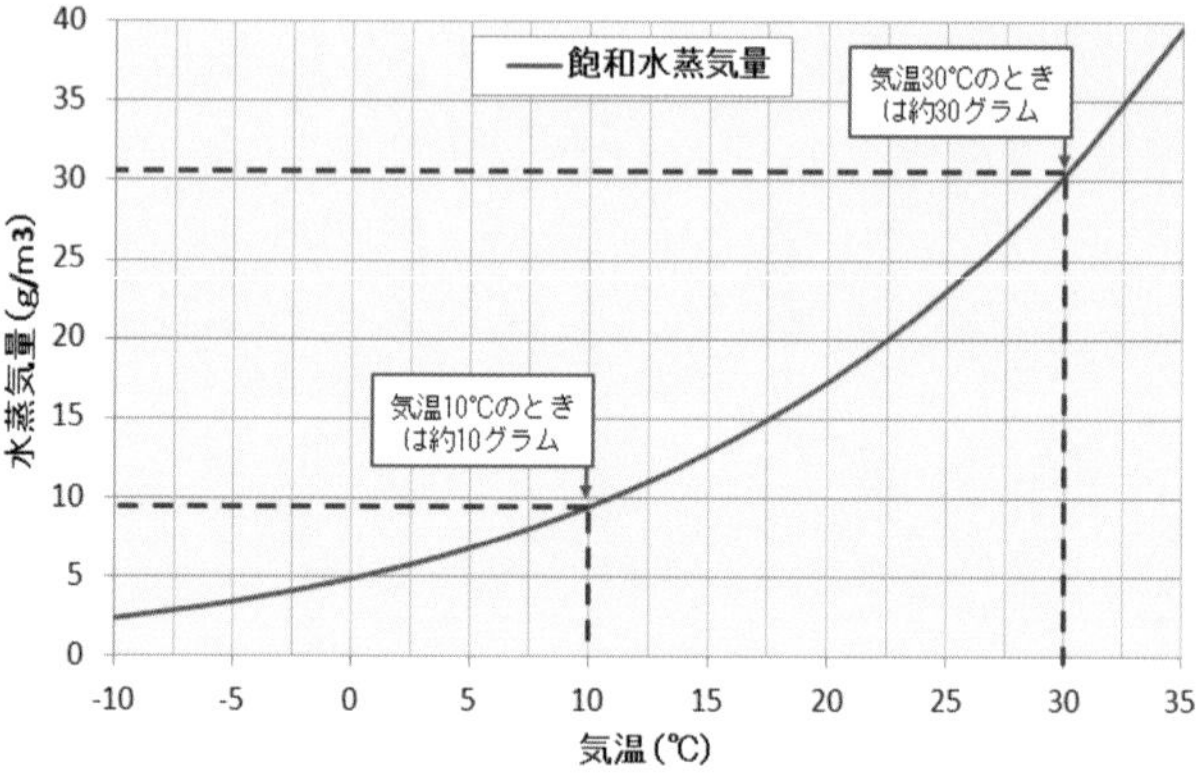

図4-15　気温と飽和水蒸気量の関係
気温が高くなるほど空気中に含むことのできる水蒸気が増えるため、温暖化によって大雨の頻度が上がると考えられている。（出典：福岡管区気象台）

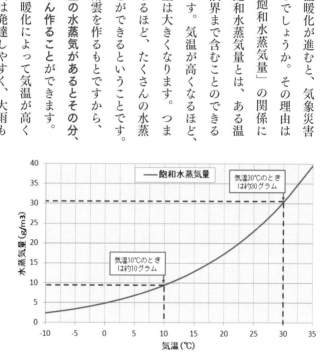

起こりやすくなるのです。実際に、全国で1時間に100ミリ以上の大雨の年間発生回数は1980年頃と比べて、最近はおおむね2倍程度に増加しています。そして、気象庁と文部科学省の報告によると、このまま十分な対策を取らずに温暖化が進行すれば、21世紀末には20世紀末に比べて、**年間の平均気温は約4．5℃上昇し、「猛暑日」や「熱帯夜」はますます増えるほか、非常に激しい雨の回数は2倍以上になり、強い台風の割合は増加する**という予測が出ています。すでに経験したことのない暑さや大雨は相次いで大きな被害を出しています。今後、ますます温暖化が進んでしまうと、何度も大雨に見舞われる地域では住み続けることができなくなり、いつかは日本でも気候難民が発生してしまうのかもしれません。

私たちの地球を守るために「カーボンニュートラル」の実現に向けて

最近の極端な大雨や暑さなどは、私たちの暮らしを脅かすほど危機的な状況にあることから、**「気候危機」**と呼ばれることがあります。一刻も早く気候危機に手を打つためには、すぐにでも地球温暖化を食い止めないといけません。2015年に採択された**「パリ協定」**で、世界の共通目標として、平均気温の上昇を産業革命前に比べて、「2℃より十分低く保ち、1．5℃に抑える努力を追求すること」が掲げられました。これを達成するためには、2050年までに温室効果ガスの排出量を実質ゼロにする、いわゆる**「カーボンニュートラル（脱炭素）」**を実現する必要があります。カーボンニュートラルとは、「温室効果ガスの排出量」から「森林や海洋などが吸収する分」を差し引きして、プラスマイナス0にすることです。日本でも様々な業界で脱炭素社会に向けた対策が進んでいて、社会全体の意識が変わりつつあります。

私が地球温暖化について初めて知った子どもの頃、温暖化で北極の氷が融けたとしても、あまり現実味はありませんでした。ですが、このところの猛暑や豪雨は激しさを増し、植物の成長や生き物の生態系などあらゆるところに影響が及んでいます。いまや誰もが地球温暖化の影響を無視できないと感じているのではないでしょうか。この本で紹介させていただいた日本の四季の景色も、このまま温暖化が進んでしまうと、いつかは見られなくなってしまうかもしれません。私たちの暮らしや美しい自然を守るために、一人一人が何か一つでもできることを始めてみませんか。

冬のおいしい天気予報
「冷え込む夜はお鍋でほっかほかに」

冬の定番といえば、あったか～い鍋料理です。最低気温が10℃を下回ると、鍋料理の具材やスープなどが急激に売れ始めるそうです。冷たい風が身に染みる寒い日は、お鍋で身体をほっかほかにしたいですよね。鍋好きの私は毎年、大手グルメ情報サイトが発表する「トレンド鍋」にチャレンジして、コラムやSNSで紹介してきました。トレンド鍋はその年に注目が集まる食材や味付けをし、流行を取り入れて作る鍋ですが、意外にも気象が深く関わっていることがあるのです。たとえば、2017年の「フルーツ鍋」。この年は冷夏で、8月に東日本で記録的な長雨となったことから、夏らしさを満喫できるトロピカルフルーツを使った鍋が選ばれました。作って紹介してみたところ、先輩から「全然おいしくなさそう」という正直な感想があったような…(笑)。国内史上最高となった41.1℃（埼玉・熊谷）の気温が観測された2018年は、ピリッと辛い「しびれ鍋」が選ばれました。山椒や花椒を使った刺激は暑さで落ちた食欲を増進させ、寒い季節に身体を温めるのにもぴったり。舌がしびれるほどの辛さの後の、鼻に抜ける爽やかな香りがやみつきになりました。トレンドに関わらず、私が一番好きな鍋は豚肉とほうれん草だけを煮込んだ「常夜鍋」です。ポン酢でさっぱりと味わいます。色々試してみたけど、やっぱりシンプルなのが一番かも?!

おわりに

いま、この本を読んでくれている人の中には、気象予報士試験に何度か挑戦しているけれど、なかなか合格に結びつかず辛い思いをしている人もいるかもしれません。私自身も初めて学生時代に挑戦してから、一度ブランクを経て合格までには約5年かかりました。でも、「5年もかかった」のではなく、私にとっては合格までに5年の時間が必要だったのだと思っています。もともとは天気にあまり関心のなかった私が、もし一発で合格していたら気象の奥深さも知らず、気象予報士という仕事に愛着を持って取り組むことはできなかったかもしれません。せっかく気象予報士になりたいと志したなら、その気持ちを最後まで大切に、あきらめずに合格を目指してほしいです。

また、この本を読んで、これまであまり興味はなかったけれど、「天気予報って面白い！　空を眺めるのは楽しい！」と思ってくれる人が一人でも増えたら嬉しいです。天気予報を活用すれば、空や天気というフィルターを通して、何でもない毎日の風景を特別なものにすることができます。これからも天気予報を通じて、日常の解像度を上げるお手伝いをしていきたいと思っています。

最後に「お天気の入門書を書いてみませんか？」と声を掛けてくださった成山堂書店の小川さま、担当編集者の赤石さまをはじめ、多くの方の支えによって本書を完成させることができました。私を気象の世界へ導いてくださった平沼洋司先生、いつも的確で丁寧なアドバイスをしてくださる先輩の原田雅成予報士、太田絢子予報士をはじめウェザーマップの皆さん、励ましのことばをいただき、ありがとうございました。友人や家族には、率直な意見や感想を述べてくれたことを感謝します。

　この本を読んでくださった方といつか一緒に気象の世界でお仕事ができる未来を待ち望んでいます。さて、あすはどんな空が見えるでしょうか？

参考文献

『史上最強カラー図解　プロが教える気象・天気図のすべてがわかる本』監修　岩谷忠幸（ナツメ社）

『一番わかりやすい天気と気象の新知識』弓木春奈（河出書房新社）

『身近な天気から異常気象まで　なるほど天気と気象』佐藤公俊（学研プラス）

『散歩が楽しくなる　空の手帳』監修 森田正光（東京書籍）

『ゼロからわかる天気と気象』監修　荒木健太郎ほか（ニュートンプレス）

『空のふしぎがすべてわかる! すごすぎる天気の図鑑』荒木健太郎（KADOKAWA）

『もっとすごすぎる天気の図鑑　空のふしぎがすべてわかる!』荒木健太郎（KADOKAWA）

『井田寛子の気象キャスターになりたい人へ伝えたいこと』井田寛子（成山堂書店）

『マンガでわかる天気のしくみ』監修 芦原瑞文（池田書店）

『季節の366日話題事典　付・二十四気物語』倉嶋 厚（東京堂出版）

『気象学の教科書』稲津 將（成山堂書店）

『楽学ブックス【自然2】富士山』編集　小室博一（JTBパブリッシング）

『だからアイスは25℃を超えるとよく売れる　基礎から学ぶ「ウェザーMD」』常盤勝美（商業界）

『地球温暖化で雪は減るのか増えるのか問題』川瀬宏明（ベレ出版）

『わたしたちも受験生だった　気象予報士　この仕事で生きていく』ウェザーマップ（遊タイム出版）

気象庁ホームページ

環境省ホームページ

国土交通省ホームページ

気象業務支援センター　ホームページ

福岡管区気象台ホームページ

神奈川県ホームページ

首相官邸ホームページ

株式会社ウェザーマップホームページ

著者紹介

片山 美紀（かたやま みき）

1991年3月7日、大阪府生まれ。
早稲田大学卒業後、富山・和歌山の放送局で働きながら、2015年に気象予報士資格を取得。テレビ静岡やTBSなどの気象キャスターを経て、NHK放送センターへ。NHK総合「首都圏ネットワーク」や「全国の気象情報」で解説を担当。気象予報士講座「クリア」の講師を務めるほか、防災気象情報の普及のための講演、気象コラムの執筆なども行っている。備蓄防災食調理アドバイザーや薬膳マイスターの資格も持つ。ウェザーマップ所属。

気象予報士のしごと
—未来の空を予想して—

2023年3月28日　初版発行
著　者　片山 美紀
発行者　小川 典子
デザイン　塚原 敬史（trimdesign）
印刷　株式会社シナノ
製本　東京美術紙工協業組合

発行所　株式会社成山堂書店
〒160-0012　東京都新宿区南元町4番51　成山堂ビル
TEL：03(3357)5861　FAX：03(3357)5867
URL：https://www.seizando.co.jp
落丁・乱丁本はお取り換えいたしますので、小社営業チーム宛にお送りください。

ISBN 978-4-425-51501-1

●気象予報士を目指す方への参考書籍●

気象予報士試験 精選問題集〈年版〉

気象予報士試験研究会　著
A 5 判　並製　480 頁　定価 3,300 円（税込）

実際に行われた試験から分野ごとに精選した学科試験と
実技試験問題を、模範解答・ヒントとともに収録したものです。
気象予報士試験についての解説や今後の展望、受験の手続き、
出題傾向と試験対策、参考書の紹介など、資料も豊富に収録。

新 百万人の天気教室（2 訂版）

白木 正規　著
A 5 判　上製　312 頁　定価 3,630 円（税込）

「天気」とはどういったものなのか、「気象予報」とはどのようなも
のなのか。その基本をわかりやすく説明。数式をなるべく使わな
いように解説しているので、特に初学者の方にオススメです。
これ1冊で天気の基礎がよくわかる！

気象ブックス 047
気象学の教科書

稲津 將　著
A 5 判　並製　224 頁　定価 2,420 円（税込）

気象に興味を持った人が最初に読んで欲しい1冊。
気象学を学ぶ大学生や気象予報士を目指している人のために、
平易な説明と多くの事例、日頃役立つ天気のコラムなどを盛り込
んで、わかりやすく解説しています。

なるやま君®